L'âme des maisons Provençales

最美的
普罗旺斯老房子

〔法〕伊莎贝拉·布斯凯－杜凯恩　阿尔诺·苏斯塔克　著　徐峰　译

南海出版公司

目录

© H. Ronné

新经典文化股份有限公司
www.readinglife.com
出　品

"耶稣生于普罗旺斯"，那首歌是这么唱的，每个普罗旺斯人也是这么想的，他们笃信自己的家乡胜过天堂。

这就是为什么每年耶稣不回伯利恒而偏要驾临普罗旺斯小村庄与当地小泥人厮守的缘由。普罗旺斯人用全部的心神把自己的安乐窝建在这里，他们的家居也必然要如实表达他们的风骨。那如同变色龙一般与风景浑然一体的宅院是如此个性鲜明，让人恍惚觉得它们如果会说话，一开口就要带上浓郁的普罗旺斯口音。

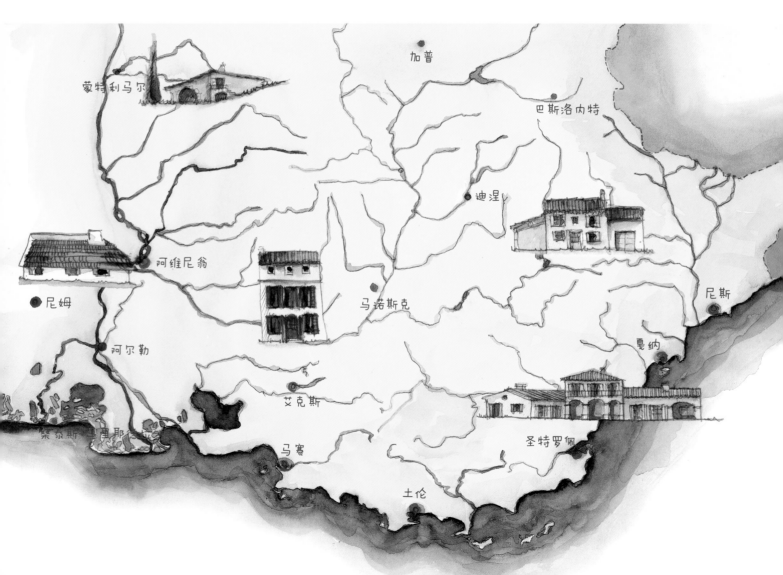

在阳光与风神眷顾的普罗旺斯，建筑也适从五行因地制宜。水是众生赖以存在的圣物，人们往往逐水而居，在靠近水源的地方建立家园。夏季强烈的日光与炎热的天气虽然限制了门窗的尺寸，房屋的朝向却要听命于密史脱拉（mistral）这种南法特有的又干又冷的北风或西北风。受惠于普罗旺斯富足的地下矿藏，建筑材料都是就地取材而来的。普罗旺斯的石材色彩丰富：南部钙质石材之清淡，吕贝宏赭石之艳丽，莱斯特勒花岗岩、大理石和斑岩之深沉……不一而足。如果是自然无法提供的建材，人们会自己动手制作！如果说普罗旺斯线条圆满、艳如玫瑰的红瓦是与房屋最配搭的礼帽，那么，鼎鼎有名的六边形红色地砖、陶瓷地砖，还有水泥地砖则毫不逊色地负责着地面装饰。木材因为资源稀少而被人们分外珍惜，不是精打细算地使用就是仅限于装饰品或家具制作。

贯穿普罗旺斯南北的罗讷河哺育了两岸的生灵。脚下的阿尔卑斯山绵延不断，人们只需往自家阳台上一站即可监视外敌入侵。

脚著谢公屐，身登青云梯。要想造访隐于高处的村庄以及那里依山而建的房屋，就不能害怕在羊肠小道上攀爬。为了防止打滑，人们通常会在陡峭处铺上驴步阶，这种台阶高度很低，且纵深很长。作为天然的交通要道，普罗旺斯曾经目睹过一批又一批侵略者。连它的名字都是拜罗马军团所赐，普罗旺斯原意为"罗马省"。

万幸的是，来到这里的不仅有军队，还有沿着罗讷河南下的商队。从奥朗日到阿尔勒，商队一路建立了鳞次栉比的店铺，这些店铺以城市之名在数不胜数的集市与市场上打响了名号。普罗

旺斯之港——马赛是个风云际会的大都会，它如同整个地中海地区的客厅，是商品交流的必经之地。

远在古希腊时代，这里就已经有橄榄油和葡萄酒出口贸易。在这个天堂般的地方，人们一直秉持着一种独特的乐生之道。

罗讷河谷里的庄园布局都是围绕着葡萄、橄榄与杏仁树种植等农业活动考虑的，庄园讲述的是肥美的丰收年，而吕贝宏地区那些和石头浑然一体的庄园则迥然不同。

吕贝宏的石头资源如此丰富，以致于有的建筑干脆只用石头砌成，最著名的首推南法石垒屋。

不再承担安全防护职能的普罗旺斯农庄，逐渐成了消闲与精致生活的理想地。埃克斯地区到处充斥着这种外观相当齐整的休闲农庄。极尽巧思的室内装潢不小心就暴露了主人富有的身家。

地中海小海湾里的海滨小木屋，让幸运的居住者尽情消磨着水边的温柔日子，看看那些随着葡萄园分布的小小农舍主人们的生活，你就会感叹这样的小木屋的确令人缱绻难舍！格栅花影的阴凉下用过午餐后，在夏蝉歌声的伴奏下，没有什么比一场午后醺眠更让心满意足。人的品位与活动各不相同，唯有普罗旺斯能让每个人都享受到尘世无尽的温存，仿佛是飞升仙境前的初体验。

普罗旺斯
的民居

普罗旺斯农舍的北向门面，农舍隐约可见数代人承前启后不断扩建的痕迹。

普罗旺斯庄园仿佛自亘古洪荒就已经在那里了。

在结实坚固的围墙内，回响着羊群与驴群的蹄音；壁橱里整齐叠放的白玉绣布还散发着薰衣草的馨香，篮子里的水果多得都要装不下了。

其实，在十六世纪以前，敢背着领主偷偷开荒的农民寥寥无几。普罗旺斯乡下的庄园实际上都是太平年月里建成的。

起初，它们只是长方形的简单结构加上人字形的屋顶，底层是大厅和工具库。后来随着各种需要逐渐加筑了马厩、羊舍、用来存储橄榄和葡萄酒的仓库等。一个连着一个的副屋赋予了普罗旺斯庄园特有的建筑风格：长而低矮的建筑群如同四合院一样首尾相连，中间便成了密史脱拉风无法肆虐的中庭，最理想的是南向的庭院。普罗旺斯庄园与它们所在的乡土和谐共生，仿佛有着高山流水的契合之意。在水源丰富的罗讷河走廊，宽敞的普罗旺斯庄园正好用来储存丰收的水果和蔬菜。而在气候严酷的高地，比如吕贝宏地区，庄园则隐身在四周的山石里，几乎难以分辨。

普罗旺斯最古老的民居位于拉克乌与卡马尔格平原上。

那里的庄园通常是四边形的建筑，面南背北，有相当的规模。在易受洪水侵扰的地方，庄园内还建有圆塔，人们沿着低矮的阶梯爬上塔顶监视洪峰。洪水警报的时候，人和马匹还可以上到塔顶避一避。

楚雅庄园大得简直就像一个小村子，可以过着完全自给自足的日子。

几次扩建后，庄园的房子
围绕着一个朝南的庭院首
尾衔接起来。

普罗旺斯农庄

农庄的屋顶与顶着
火焰造型的石瓶。

在偏僻的丘陵地区，农民们有时会模仿古希腊祖先们的样子把自己的家建得方方正正再覆上一个四注顶；农庄沿袭村子里的习惯，牲畜养在底层，人住在一楼，阁楼用作仓库。

农庄的风格简单实用兵农兼具，颇符合主人远离尘嚣又不忘设防的风格。

到了十七世纪，随着商业的繁荣以及国会职能的健全，休闲农庄开始像雨后春笋般拔地而起。

为了显示自己的社会地位，社会名流们纷纷在城外围兴建度假别墅，就像皇亲贵戚们在自己的领地巡游一样，一到夏季，他们就跑到别墅里避暑。

埃克斯地区由
木屋群组建而
成的农庄。

© H. Ronné

普罗旺斯的埃克斯地区的
拉米纳德农庄。

马赛地区的农庄彰显着普罗旺斯的生活艺术，洋溢着亲切友好的气质，又不失简洁。

比如古典意式的拉玛加洛农庄，就有着城里酒店一般奢华丰富的外形。而在埃克斯地区的农庄则用朴实平素的风格成就了另一种和谐。

南向的正面主墙上方有的会建有三角楣，它起着贯穿主线的作用。两边有高高的玻璃窗依次整齐排列，玻璃窗的数量一般为单数。几层瓦片叠就的檐壁下整齐地开着小窗，自成一线。拾级而上即可到达设在正中央的大门。

以拉戈德农庄为例，农庄奢华的一面主要表现在花园里：喷水游戏场、露台、水池、喷泉、雕塑、大型花盆还有剪修精细的黄杨……

图罗布赫山谷里的
这所农庄俯瞰着自
己的领地。

乡村民居

有的阁楼窗外还保留
着滑轮.

中世纪时期，由于频繁
的外敌入侵、强盗侵扰以及
地方战乱，村民们很少会冒
险住在防御墙以外。因此无
论是海滨还是内陆，为了争
取有限的空间，民房不得不
往高处发展。沿着山脊或者
露台层层叠建的民居密密地一个挨着一个，又高又窄的外墙沿
着小路整整齐齐地紧紧相连。许多细节，例如房屋的大小、窗
户的形状还有颜色等，不但赋予了房子各自的性格，也暗示着
原主人的籍贯。就算是最简朴的房子也至少要建两层高。底层
用来放置工具或蓄养牲畜，坐落在港口附近的房子底层则会被
用作仓库或者改建成渔家店铺。
二层或者三层（如果有的话）住
人，通常是一室或者两室的结构，
由壁炉供暖。靠街的墙上通常会

背靠护城墙而建的
民居.

10

盘亘而上、层层叠建的民居密密地一个挨着一个。

开一扇或者两扇窗户来采光。民居外墙或者宅第正中有陡峭的阶梯供人出入。顶层用来屯放干草和种子。有的民居还留存着以前用来吊运米袋的滑轮。有的阁楼因为房顶空气流通被称为光照亭，专门用来晒水果干。四周贴了上釉瓷砖的窗子表示这里曾经是一座鸽楼。宽阔的墙面、雕有装饰图案的过梁、精工细作的大门还有石头墙板都是显贵宅第的标志。

日落时的露荷玛邨（沃克吕兹）。

乡下小屋

藤花格下的乡间
小木屋，乡野里
的精致人生。

　　大小不过数个平方、石头砌就的老墙、红瓦屋顶、笨重的木门，还有风叶窗……普罗旺斯的乡下到处镶嵌着魅力无穷的小房子。这些又被称为 bastidons 或 masets 的小木屋当初是为了方便而建：在远离村落或庄园的山岗上，小木屋是猎户们歇脚的地方，也是农户们的农具储藏室，夏季农忙的时候更是午睡消凉和烹饪的好去处。到了二十世纪，这些小木屋用途日渐式微，久而久之，有的坍塌废弃了，有的被人们改造成乡间的居所，只要加建一两间屋子、屋前置把长椅，再搭上给爬蔓花攀援的格栅，小木屋便重获新生。一代又

棒上的鸽舍还剩下
昔日的旧栅栏。

这间小屋守望着一望无垠的薰衣草花田。

© E. Cattin

12

一代的普罗旺斯小学生们就是这样在灌木丛中度过了最美妙的假期。

海边的小木屋还提供了其他的娱乐项目。起初，海边木屋是工人们在南部的港口利用工作间歇而建的。船上的资源有限，因此这些小木屋就用漆船剩下的涂料漆过，丝毫不在意会和礁石混淆，家具陈设虽然极为简单，也一丝不苟力求整洁，人们将这单间小木屋结结实实地建在陡峭的高地。作为季节性的住房，小木屋的墙壁说不上很厚，但是做工很坚固。小木屋里晚上住人，冬天的时候存放渔船和帆板，其他的活动，比如一日三餐、钓鱼、游泳，还有没完没了的笑声就都在户外进行了。马赛地区对海边小木屋的传说津津乐道。比如由小木屋组建的古德村和塞尔缪村声名远播，村里一屋难求，小木屋几乎都是父传子，不向外出售，市场上几乎找不到在售的木屋。所以小木屋保持了低调而原汁原味的风格。

© E. Cattin

平原上的石垒屋以前是牧羊人歇脚的地方。

水乡古德村（马赛，罗讷河口省）。

羊厩，猪圈
和鸽楼

几只绵羊、一头驴或骡子、偶尔几只山羊。一间羊厩只够普罗旺斯农户们蓄养这些牲畜了。地处普罗旺斯北部的甘沃地区，人们把民居底层留作羊厩；羊厩半圆拱腹的穹顶结构，保证了室内适宜的温度。

独自建在田野的羊厩通常是长方形的石砌围墙盖上一个低垂得几乎委于地面的平坦屋顶。

因为密史脱拉风的缘故，普罗旺斯庄园里的羊厩通常作为主屋的延伸部分向南而建。

农庄里猪圈的新生。

© H. Ronné

猪圈则比较罕见，只在比较大的农场里才有。

这样的布局使得日常生活不会被异味干扰。

如果是家庭经营的农场，那么一个小猪圈足够用了。女主人养猪与养鸡鸭，在那时并不算什么有身份的活计。

养鸽子可就不一样了。鸽子肉在以前很受欢迎，鸽子粪还是很好的肥料，所以养鸽子就代表主人有一定的社会地位。鸽楼直到十七世纪都是封建特征之一，这期间的鸽楼像雨后春笋一样从卡马古尔平原一直建到了上普罗旺斯。

鸽楼有时和建筑外墙是一体的，它们坐落在丘陵之上傲视四方绵延的农田。或圆塔形或方塔形，塔顶是单向的斜顶或错拐顶。鸽楼四周环绕着突饰，放飞栅栏四周贴着上釉的陶片来防止老鼠顺着墙爬进鸽房。

孤单单的一座鸽楼，错落的楼顶也被称为"骡蹄顶"。

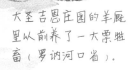

大圣吉恩庄园的羊厩里以前养了一大票牲畜（罗讷河口省）。

磨坊与其他实用性建筑

　　几次十字军东征以后，风力磨坊开始在普罗旺斯普及。风神总在这片到处都是麦田的土地上流连，人们很快就离不开风车了。那时候磨坊主在村子里的地位相当重要：他知晓每个人的家底，是驾驭风的高手，甚至还能够预测天气。为了不漏失一丝微风，这些集复杂技术与高度美感于一身的风车磨坊常常被建在高处。现代面粉工业出现之前，整个普罗旺斯地区到处都有风车。

与芒奥斯屈埃镇毗邻的蒙特菲龙镇的磨坊（上普罗旺斯阿尔卑斯省）。

© H. Champollion

如今，普罗旺斯人又让他们的标志性景观恢复了昔日的风光：石头墙被修整一新，塔顶、风轮、风蓬，甚至有的连传动系统都被修复了。

橄榄油以前是靠水力榨制的，所以村子里榨橄榄油的水力磨坊向河而建。巨大的水轮驱动一个很大的螺旋器转动来绞碎堆放在磨盘上橄榄。

滨海阿尔卑斯省孔泰镇上的磨坊对游人开放参观，这座磨坊因使用的木器时间久远而被列为历史保护建筑。以前的家庭磨坊有的也会靠牲畜驱动，因此被称为"血力磨坊"。

在普罗旺斯许多地方，那些见证旧日经济活动的建筑大多已无踪迹可寻。但人们仍然可以见到村子里的面包炉和公共洗衣池。

旧日的洗衣池曾在小小圣母塑像的保佑下进行洗涤工作。

在普罗旺斯北部，许多养蚕场都附属于大庄园。圣伯姆平原上还隐匿着许多冰库的遗迹；冰库的形状是巨大的圆井加上圆锥形的顶。以前，冬天冻好的冰会在冰库一直被存放到夏季，等到酷暑来临，人们便趁着夜凉将冰取出运到城里。

朗贝斯克镇上巨大的洗衣池有着石片砌就的房顶（罗讷河口省）。

在卡西斯镇（罗讷河口省），一座居高临下的别墅凭海临风。仙境……

海边别墅

瑰丽的地中海海滨凭借宜人的气候，自古以来就吸引着世界各地的骚客名流。

十九世纪初叶，戛纳成为欧洲有钱人疗养过冬的宝地，贵族、工业巨子、艺术家、演艺界的明星纷纷在此购置别墅。

就这个时期的建筑风格而言，兼容并蓄可谓是不二法门，与普罗旺斯的旧日传统彻底划清了界限。所有的奇思异想，哪怕是怪诞不羁的风格都能够被采纳，毕竟别墅是为了世俗生活和假期而建的。蓝色海岸一带充斥着奢华堪比宫殿的别墅，有的建筑风格多少会让人觉得夸张：恢宏壮阔的古典风格的路易丝-埃利奥诺尔别墅、爱尔兰风格的芙罗拉庄园，还有艺名为"麻雀小精灵"的著名歌手的那座带塔楼的城堡，还有数不尽的木屋、乡下楼宇……

二十世纪三十年代，瓦尔省的海滨成了建筑师们绝好的试验田：东方风格的摩尔别墅、伊埃雷镇上立体主义风格的诺艾莱别墅、滨海赖奥尔卡纳代镇上彰显新艺术运动风格的别墅，以及塔马希斯区那座船形别墅。

这些新移民也很喜欢把异国的植物移植到他们四季如春的花园里，此举更丰富了普罗旺斯的自然植被。

如今，建筑潮流改变了。人们更注重采用传统的普罗旺斯元素来打造夏季度假的高级别墅群：低调的外墙、红瓦与瓦片叠就的檐壁。唯有窗户的尺寸为了适应现代生活方式而被扩大了，大大的落地窗有时甚至占据了整个墙面。

位于胡安海湾的一处别墅的排檐、雕刻及大量繁复的装饰（滨海阿尔卑斯省）。

©H. Ronné

现代别墅（瓦尔省）。

要想饱览那些高居群山之中的乡村美景，没有比信步而游更好的方式了（博尔默勒米莫萨，瓦尔省）。

有的房子高高悬在壮观无比的断崖之上，像临近尼斯的埃兹镇、阿尔碧平原上普罗旺斯地区的莱博镇；有的则绕着山丘蜿蜒而上，比如埃克斯地区附近的菲沃镇、瓦尔省的拉马蒂埃尔镇；有的在斜坡上节节排开，像上普罗旺斯省的西米昂拉罗通德镇、吕贝宏地区的老奥佩德镇；更有的盘踞在山脊之上，像韦叙比耶地区的于泰尔镇、弗尔东地区的鲁贡镇。

悬于高处的村庄

属于百合池塘领地的中世纪小镇米拉马村（罗讷河口省）。

普罗旺斯高地上的村落通常都是围绕一个中心点而建，这个中心点可以是一座城堡、一个教堂、一座虎踞龙蟠占据制高点的古兵营。村里房屋的外墙绵亘不断，不仔细分辨，往往会把它们与作为地基的石崖混淆，外墙的走向也让人猜想到当初城郭的轮廓。入口是一扇加固的城门，有的城门上还高高矗立着一座钟楼。村内的空间可以说是寸土寸金，紧紧依随着地势的起伏。家家户户密密相邻，沿着狭窄的小径排开，斜斜的石径当中设着驴步阶，防止路人或牲畜走在上面打滑。

陡峭的街巷、笔直的阶梯还有廊子连通了不同层级的民居，人们的生活空间甚至延伸到了巷子里。老人们搬几把长椅叙家常，还有人把餐桌都搬到了巷子里，用几盆植物潦草地挡挡行人的目光，窗口晾着衣物。幽暗的角落、阴影下的拱廊，成就了高处不胜寒的村庄。如果想造访这一个缤纷陆离的世界，唯有以步代车……或以驴代车！

绿世界里的邦翁镇（上普罗旺斯阿尔卑斯省）。

旧城墙的庇护下围着教堂而建的房子。

梯田，围墙与树篱

葡萄田里，一座小屋嵌进了梯田的围墙里。

长纳利角下，地中海海边，长西斯镇上的葡萄园层层迭迭，布满山坡。

为了生存，以前的普罗旺斯人不得不改造自然。上至山岭下至丘陵，农民们历尽艰辛开荒种地，把农田从旺图一直开垦到了尼斯内陆。

他们把田间的石块清理出来，在山坡阳面垒出了层层梯田。

为了保证湿气流动，他们用石头砌起了矮墙，石头之间完全不用石灰等黏合材料。矮墙要有足够的梯度以防止坍塌，这也可以有效杜绝暴雨季节的泥土流失。

梯田在二十世纪初叶基本被荒置了。如今，人们在其中种植香草，或把它们改成了高级葡萄园。卡西斯镇上的梯田让人觉得葡萄园一直蔓延到了海上。

各种各样的围墙也在普罗旺斯纵横交错：为了不让野猪拱地而建起了菜园围墙，放牧场的

防止泥土流失
的石墙。

羊厩周围也用丝网隔了起来，丝网会向外弯出一个角度，防狼跃入。

有的墙上留着壁龛，这可以被叫作"蜂墙"，以前是专门用来放置蜂箱的。

大部分的墙如今已成断壁残垣，但在普罗旺斯的萨隆地区，经过精心整修，这些墙又重现风采。

罗讷河流经的平原土地肥沃，风之魔王密史脱拉风咆哮不止。为了不让水果和蔬菜受到冷风肆虐，农民们在田间种了成排的柏树和杨树。这造就了罗讷河平原独特的风景线：防风林铺出碧绿的保护网，缀在其中的果园、菜园、葡萄园里的植物在绿网的庇护下安逸地生长。

梯田墙上留出的壁龛，其中可以放置蜂箱（罗讷河口省的罗盖镇）。

大门，私人领地的界石

公路旁边，一条小径陡然跃入眼帘，在两旁梧桐树的掩映下，它悄然通向一处私人领地。距离公路不远处，两个巨大的石柱矗立在那里，标志着这是进入私人领地的入口。门柱两翼或有矮墙或有精心修剪的灌木墙或有绿篱环绕。像阿贝尔塔花园的那个大门，两个门柱由半圆拱墙相接，更显气派。门柱中间通常都装着熟铁锻铸的大门，大门上装饰着家族徽章。

门柱上有各种石雕装饰：石灰岩或大理石雕成的石球、雕花柱头、石雕松球、美第奇式石瓶、石雕花篮、火焰造型的石

博布埃农庄以巨石球作为顶部装饰的大门柱。

瓶等。大门不仅仅是一个简单的障碍，而是人们进入私人领地的标志。因为整个领地很少会全部用墙挡住，所以绕门而行还是很容易。

在没有自然地貌（河流、梯田石墙或者公路）作为界限的情况下，简单的界标也可以用来限定私人领地。在和邻里们商定好以后（当然，这不是件很容易搞定的事），人们就在地上挖个深坑，在坑底放上一块有着不朽之名的瓦片或木炭，然后将一块叫作"界石"的石桩钉进坑里即可。这个被普罗旺斯人称为"猎人小屋"的坑，在界桩倒了被埋起来或者被拔掉的时候就可以作为地界的证明。在普罗旺斯，人们还会像古埃及人一样，称丈量土地的专家们为"土地测量裁判"。据称，这是世界上第二古老的职业……

虽然不大，却精心锻造的铁门。

阿贝尔塔庄园的一个大门，大门两旁是修剪的树篱，门上的装饰是阿贝尔塔家族的徽章。

普罗旺斯的房子都是面南背北建在略有高度的地方，一方面是为了好好享受日光，另一方面是为了躲避密史脱拉风的侵扰。南墙外铺着露台，由花园主道与房子连接，花园的其他部分也以露台为中心布局。矮墙、修剪的树篱或石制雕栏扶手环绕着四周，使得露台半开半闭，成为一个名副其实的室外起居室。露台上会设有藤花格栅，

数个花盆装点着低矮的露台围墙。

露台

© H. Ronné

夏日起居室。

还会安一座石椅来吸引冬天里羞答答的日光，当然也少不了放上数个大陶制花盆来点缀；喷泉大珠小珠落玉盘地滴洒到承水盘或蓄水池里，听着让人心神安宁。露台上还会种植高大的乔木，被修剪成遮阳伞的形状，树种多为梧桐、朴树或像厄霍庄园种植的栎树。冬天裸露的树枝不会阻拦一丝阳光，夏日它们的浓荫又会挡住暑气。有的露台

地面铺着被岁月磨得平滑的石板，温暖的海滨地区铺的通常是陶砖或粗陶砖，有的则铺着又圆又白的鹅卵石或拼花石，庄园前的场院、村里的广场都可以作为打麦场，拼花鹅卵石铺法以前就时常用来铺设打麦场，拼花石地也好用来排放雨水。大大小小颜色各异的鹅卵石能铺成相当漂亮的图案。在阿维尼翁的许多豪宅里，花石地都铺得美轮美奂、令人叹绝。

　　露台作为室内与室外的过渡空间，往往引起人们对室内风格的想象。它是宅院的前厅，决定了宅第给人的第一印象。

阿维尼翁一家美丽酒店的屋顶花园。

石板铺就的露台四周环绕着石制的雕栏扶手。

喷泉与水井

在园庭院里的喷泉。上面的铁条以前用来放水桶。

作为唯一汲取饮用水的地方，喷泉曾经是社会生活的中心。永不枯竭的水源，永远喷涌的泉水象征着永恒。开发一处水源就等于开发一个滚滚的财源，喷泉是罕有之物，亦是养生之宝。仅帕吕德河水润泽的巴尔若尔镇（瓦尔省）一地就有三十二处喷泉！水流从地下分流引至池内。由于重力的作用，水流进蓄水桶再从水龙头里流出。水龙头可以是简简单单的管子，也可以是精工细作的艺术品，常见的有扁平鸭嘴造型或者鱼嘴造型……至于喷泉本身，不论是靠墙而立还是

田野中的一口水井被石垒屋罩护着，水井旁有牲畜的饮水槽。

萨隆市里一处被青苔覆盖的喷泉（罗讷河口省）。

坐落在广场正中，通常都雕着怪面或花环，喷泉之上还有火焰或松球造型的石瓶。或简朴或奢华，普罗旺斯村落因为喷泉的点缀而散发着独特的魅力。爱运动的人在这里把水壶灌满，信步漫游的人们爱在这里歇歇脚，享受清凉的感觉。

在城镇以外，乡下庄园和农庄都建在水源之畔，那些水源虽然已经不见踪影，但附近可能还找得到罗马时代的废墟或者木屋来证明水源曾经流过。即使水源并非涌泉，找水专家也有办法测出它的所在地以及水位。人们会首先就地掘井，此处日后便是露台的位置，最后再根据露台的位置把房子盖在旁边。对于山坡上的梯田或山顶上的村落而言，地下水自然遥不可及。普罗旺斯虽然降雨天数不多，但雨量相当丰富，所以住高处的人们便用鹅卵石铺成的承雨池来收集雨水，并将其存入石崖上凿出的蓄水池里。蓄水池还有石垒屋罩着防止灰尘和暑气进入。

小镇上一座顶端雕刻着花朵的蓄水喷泉。

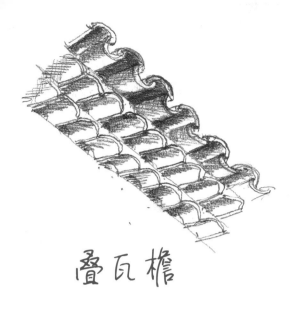

叠瓦檐

　　微斜的屋顶，宽阔的屋檐，法国内地房屋为了防止积雪，屋顶会稍微倾斜，到了海边，普罗旺斯的屋顶几乎是平的。作为普罗旺斯风景的一部分，该地区屋顶的显著特色就在于那长长伸出墙面的屋檐。普罗旺斯不雨则已一雨便滂沱，宽大的屋檐就是为了疏导雨流，不让雨水破坏房屋的石砌结构。最初，屋檐就用排木和排木上铺的瓦片搭成。到了十八世纪，来自意大利的叠瓦檐取而代之：在屋檐叠铺着几层相互卡合的用泥灰浆住的瓦片，它们一层层地叠成梅花的模样，瓦片的底部一直嵌进外墙里。叠瓦檐的作用是承担一部分房顶的重量，

双层叠瓦檐。

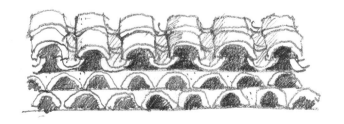

檐瓦投下的影子，参加了阳光在墙壁上导演的一出光影大戏。

房子越大叠瓦檐就越壮观。一般的民居普遍是双层叠瓦檐，而城堡和农庄会一气叠上三到五层。

叠瓦檐的层数不光是为了符合房屋比例，更是主人身家的重要外在标志，叠瓦的层数意味着主人家底的殷实程度。有的时候浮夸奢华的叠瓦檐占据了墙面，水都无法流下来！

城里的小楼有时在屋檐下装着石灰制的上楣或者石头上楣，上面多刻着线脚，就像给外墙戴上了王冠一样漂亮。

莱博镇盛产易于切削的石头，因此常常会用来替代叠瓦，嵌入屋檐拐角处的瓦片下。

防止雨水流到外墙上的屋檐。

正墙装饰与日晷

昂布兰镇上一座表面装饰热闹如戏剧
背景的日晷（上阿尔卑斯省）。

© E. Cattin

普罗旺斯墙面的最大特点是艳丽多彩。赭色、白色、红色、蓝色与绿色使得村镇远远望过去如同马赛克拼画一样，仿佛还嫌不足，窗框和窗板还会用墙色的对比色来点缀。

文艺复兴之后流行的繁复装饰风格把普罗旺斯的墙面装点得越发漂亮。墙角还有门窗边框会镶着石片做装饰。用镂花模印出的装饰带和阿拉伯涡卷线装点着檐下的空间。墙上还有许多用障眼法绘制的窗子、壁龛、罗马柱、

© E. Cattin

奥赖松镇，一面墙上的一幅浣衣女立体画
（上普罗旺斯阿尔卑斯省）。

神秘又幽默的寥寥箴言
讲的总是最本质的东西：
生、死、永恒……

© E. Cattin

COUME VORES VEYRE   LOU FOUN DE L'AYGUE
SE FAS QUE DE LA BOULEGA

© E. Cattin

雕像以及各种生活场景等立体画几可乱真……无论是壁画还是胶画技法，这些皮
埃蒙特流浪艺术家们的作品中不乏真正的杰作。

　　阿尔卑斯南部村镇上的日晷也同样出色。最早要追溯到中世纪时期的石刻日
晷，绘制的日晷大多是十九世纪的作品。虽然参观者不一定了解安置一个日晷需
要多么复杂的科学计算，却常常为日晷丰富的装饰所倾
倒：鲜花、瓜果、想象的或现实世界中的兽、男柱像、歌
剧场景以及刻注的简洁有力度的箴言等。日晷在二十世纪
五十年代受到热捧，引发了一场修复与兴建日晷的热潮。
单是上普罗旺斯阿尔卑斯省的图尔努小镇就有六座日晷。
日晷虽无声却长生，它们永不停歇地描述着时间的流逝，
让人对永恒心生向往。

在这个日光国度里，人们仰仗
太阳来显示时间。

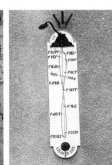

© E. Cattin

33

一座旧马厩的门，大门因为有牲畜进出而被加宽。

一扇钉门上的门环。

宅院大门与门扣

　　宅院大门一边守卫着主人的私生活，一边承受着众人的目光，所以它的设计是非常用心的。门有方门、拱门，上有楣窗或不设楣窗，门扇单开或双开。对于豪宅或者富人的宅邸来说，大门是显耀门庭的设备。在十七世纪之前，人们主要装饰门框：石雕、怪面饰、花环装饰着过梁。大门两旁时有男性雕像或女性雕像矗立。到了十八世纪，土伦海上军港建设中培养出来了大批的造船木工，真正意义上的大门装饰艺术开始兴盛起来。

　　以前的大门有的装饰着铁钉，有的刻着线条纹边，那时流行的装饰雕刻有立柱、乐器、小天使或丘比特、兽首、花环和水果。如今的整修工程让许多宅门重焕青春，比如近期整修过的埃克斯地区的帕尼斯酒店。

　　为了让访客们通告主人自己的到来，大门上还装饰着铁制或铜制的门环。门环最初不过是悬挂在门上的两根木

村中民宅的大门。

槌，经过几个世纪的发展，人们无边的想象力赋予了门环五花八门的形状。

　　松球、百合花、相连的心、雄狮嘴里叼的圆环，各种门环敲击在相同风格的门上，发出的轻音仿佛至今仍在回响。

　　到了十九世纪，门环流行的拳头或眼泪形状使它赢得了"爱的哭泣"的名号。电子门铃的出现改变了拜访的音色，现在人们只是为了装饰而铸造门环了……

农庄中一扇仓门，门框四周由漂亮的石头镶着边。

村中富人家的宅门。

一座豪宅的宅门。

屋顶的材料

半圆弧形瓦。

片片红瓦仿佛单彩画一样令人赏心悦目……普罗旺斯地区的莱博镇（罗讷河口省）。

© H. Champollion

　　赭色、粉白、灰色……普罗旺斯的房顶色调协调，仿佛一幅韵味无穷的单彩画，让人觉得温存娴静，闪着时光的色泽。在整个普罗旺斯地区，每一处泥岩矿脉都催生了窑厂，例如欧巴涅窑、米耶窑和比奥窑。各地的房屋也就近取材用本地出产的瓦片铺设屋顶，屋顶自然而然与周遭协调一色。半圆弧形瓦又被称为罗马瓦，是当年希腊人和罗马人经由丝绸之路从近东地区带到普罗旺斯的。这种瓦

协调的色彩。

屋顶的主要材料就是这种
半圆弧型瓦片。

长马尔格的芦苇草屋顶。

的形状有如人的大腿：靠着膝盖的一边稍狭窄，向着腹股沟的部分略宽阔。

　　这是一种两面都可以用的形状。弧形朝上的盖瓦铺在弧形朝下的流水瓦之上，鳞片状迭盖和瓦片宽大的一边朝向地面的走势，赋予了它显著的隔热与密封效果。为了不被密史脱拉风吹掉，瓦片通常会用些泥灰浆或数个石头固定住。除了普罗旺斯标志性的罗马瓦，个别地方也会用其他的屋顶材料。

　　在卡马尔格，人们用芦苇覆盖牧马人木屋的屋顶。滨海阿尔卑斯省或上普罗旺斯地区的页岩板经常会用来替代瓦片，有些仓房屋顶还用着享有不朽之名的落叶松板，黑麦秸秆因为容易着火而用得比较少。

　　坐落在鲁瓦亚河谷斜坡上的谷仓拱顶上用青草覆盖。城堡和教堂的顶偶尔也会铺着鳞片状的彩色琉璃瓦。

石垒屋。

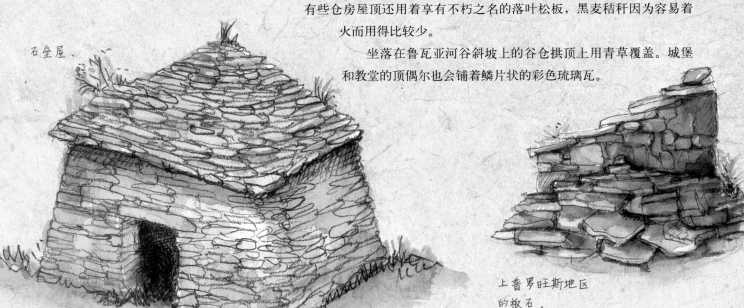

上普罗旺斯地区
的板石。

墙壁材料

为了适应当地的气候,普罗旺斯的房屋墙壁厚重。夏挡暑气,冬抗严寒,春秋季还可以防止雨水侵袭。墙通常都由就地收集的石头砌成,石头外侧粗削一下再用石灰浆勾缝。

石砌墙外侧涂的抹灰颜色通常都比较鲜亮。墙面因此呈奶白或各种不同的赭色,色彩斑斓。鲁西隆的悬崖提供了从奶油黄到砖红的亮彩,雨天的时候颜色更加绚丽。迪朗斯河河谷与克罗平原一带,乡村民居的墙壁由当地的鹅卵石砌成。鹅卵石一个一个倾斜地摆着铺成一层一层的人字形,然后用灰浆黏合固定。整个结构中间会用和墙一样宽的钙质石板加固,即为"丁砖",墙角则由石头呈链状错落叠放镶嵌而成。

历经数世纪风雨仍岿然不倒的墙。

吕贝宏地区戈尔代镇上的一个石垒屋小村(沃克吕兹省)。

阿维尼翁由于石料贫乏，时而还可以见到几面由泥土与石灰浆混合的土坯墙。这样的墙面以前必须涂上一层灰泥层来保证坏天气时房屋的保温效果。

在吕贝宏、莫勒，以及石料丰富的地区，民居全部由石头砌成，石头中间的勾缝不明显。这种墙就没有必要涂灰泥层了，温差很大的时候，石头就是最好的保温层，而且潮湿的天气里石头也会很快变得干爽。更何况如果涂上了灰泥，就没有了只在光滑石面上才会上演的光影大戏……

光影之戏。

© E. Cattin

© E. Cattin

鲁西隆棉色颜料（沃克吕兹）。

经受岁月考验留下来的室内木制百叶窗。

窗户与木制百叶窗

庄园的窗户以及风格质朴的用钉子装饰的木制百叶窗。

　　普罗旺斯理想的舒适民居是冬天有宽大的窗子，最大程度地让阳光照入室内，相反，夏天为了遮阳，房子最好配着小窗子。这样的房子自然是没有的，人们采用木制百叶窗来调节，让房子达到冬暖夏凉的效果。夏季，日出时候人们就把百叶窗打开，迎接并享受清晨的凉爽空气，午前再把窗子关上。冬天，趁着太阳出来的时候把百叶窗打开，借着阳光将向阳的房间照暖，而潮湿的天气里人们就会早早把窗子关好……庄园的窗子通常都不大，这样的房子本身就很适应气温变化。为了采光，庄园墙上会开着很大的窗洞。

　　消闲农庄的窗子则会开得很大。以前，农庄的百叶窗常年都是关着的：冬天是因为庄子里没有人住，夏天当然是为了避暑！无论庄园还是农庄，普罗旺斯的窗子都是高高伫立的，高度比宽度大。如今，取暖设备和空调帮助人们实现了冬暖夏凉的愿望，所以落地窗，甚至

村舍的窗户。

带活动部分的百叶窗。

干脆整面的玻璃墙就大行其道了。

　　房子底层的百叶窗出于安全的考虑通常都很结实，窗叶板之间用铁钉和木板固定，里面的木板竖着钉，外面的则横着钉。楼上的百叶窗可以不用像底层的一样厚重。

　　其他材料的百叶窗出现比较晚，也没有那么坚固，它们主要是用在城里或村子里的民居。

　　在普罗旺斯东部，百叶窗的下面部分通常都是可以独立开合的，这让人们可以更精确地调节采光。

日照强烈的时候，
人们会把百叶窗
半关着。

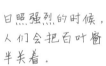

铁栅栏形状各异，
护卫着小窗。

小门窗

有的墙因为种种原因无法开窗：可能面积不够、可能要保暖或者避免形成过堂风。出于通风而非采光的考虑，人们往往在这些墙上安装一些小窗子。这些小窗没有木制百叶窗板，但会用固定在墙壁里的铁栅栏保护着。北墙的设计必须兼顾以上各个因素，所以会不时地开出几面小窗。它们恪尽职守地保证房子的通风效果。

房顶下的阁楼通常会开着眼洞窗来通风。在农庄里，水平一线的眼洞窗正好排在各个楼层窗子之上，成为房屋整体布局的一部分。

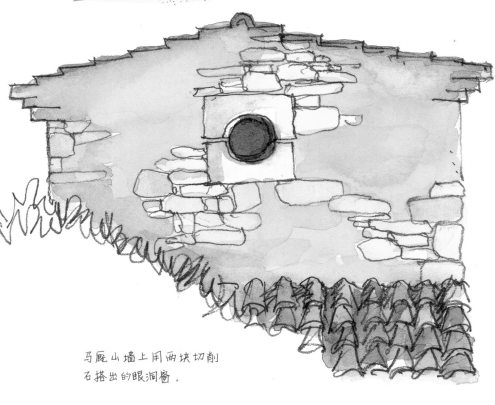

马屁山墙上用两块切削
石搭出的眼洞窗。

眼洞窗形状多样，圆窗、椭圆窗、方窗、条形窗、菱形窗、六角窗见证着普罗旺斯建筑师们的品位与技术水平。走在田间一转弯陡然瞥到的木屋，干草储存仓凭借着简简单单开在山墙上的一个眼洞窗，一下子就变得魅力四射。

民宅的大门入口处通常都比较暗，大门上开的楣窗可以提高此处的采光和通风效果。普罗旺斯很老式的房子的楣窗开在过梁上面，只用栅栏护着，这种楣窗会降低冬季室内的温度。后来的建筑师们将楣窗开到了过梁下面并安了可以开合的玻璃窗。楣窗通常不会特别显眼，和宅门的装饰保持统一的风格，有的上方会饰有家族徽章。

宅门上既采光又通风的楣窗。

阳台

现代铁艺装饰.

阳台是从十七世纪开始出现在普罗旺斯地区的，它让人联想到意大利的生活方式，是享受生活的一种体现。那时候，民宅开始放弃抵御外敌入侵的外部特征，显贵们的宅第开始出现大的门窗。房子的第二层由于起着接待作用，地位更是举足轻重。于是人们在这一层建了长度与正墙相等的

直条栏杆与波状栏杆交互排列：普罗旺斯经典风格（拉米纳德农庄）。

每层都有通体阳台的豪宅.

通体阳台。阳台底部支撑的石制檐口的形状与房屋的整体建筑装饰风格互相融合。有时，一个阳台就会占据整个建筑正面。阳台由涡形栏杆或者装饰大门两侧的男士立像、女士立像支撑着，颇有舞台大戏的气氛。

阳台的护栏也是装饰。有的护栏上的装饰图案相当精美，充分显示了铁艺师傅的高超技艺。

比如圣玛尔特农庄的阳台护栏使用的是石雕的小柱子，与楼梯以及露台上的栏杆扶手造型一致。

帕尼斯酒店阳台的豪华气场（普罗旺斯的埃克斯地区，罗讷河口省）。

十九世纪时，为了更好地享受阳光的沐浴，许多民居都在第三层安置了阳台。这些阳台风格低调，主要是为了不破坏外墙的简洁风格，比如圣特罗佩港的渔家宅第的阳台。底部支撑造型简单，带有传统风格的护栏。滨海阿尔卑斯省和上普罗旺斯省的山区，许多护栏是木制的。

一扇大门上的精致铁艺与战士头盔雕刻。

壁炉烟囱

壁炉烟囱从瓦片中伸出头来，以均一与轻微的斜度站在房顶。炊烟从烟囱通道中通过，再从烟囱帽下排出。普罗旺斯的烟囱大多都是砖砌的，砖体表面可以涂上灰泥层也可以裸露在外。在石料蕴藏丰富的地方，烟囱便用石头砌成。为了抵抗密史脱拉风，尤其在罗讷河谷这样密史脱拉风刮得特别凛冽的地方，烟囱会有一个较大的梯形结构，宽

梯形的烟囱更能抗风。

螺旋形的陶制烟囱盖排烟效果更好。

大的底边大大增加了烟囱的稳固性。为了保证排烟效果，烟囱顶必须是整个房顶的最高点。烟囱帽则会随着地区与房屋类型的不同而有所变化。乡下庄园和城里小楼的烟囱帽简单低调。有的是两片屋瓦摆成人字形，有的是烟囱四角的砖顶着一片平石板，也有的烟囱帽被砌成扁圆的球形，球体四周会开出两个或四个洞用来排烟。

在阿尔卑斯南部，为了保证排烟效果，烟囱帽是陶制的螺旋形状，使得烟囱看上去有点像个麻花。最讲究的烟囱帽非普罗旺斯东部莫属。深受皮埃蒙特风格影响，那里的烟囱帽是瓦做的横梁架在砖砌的柱上，看上去很轻盈。

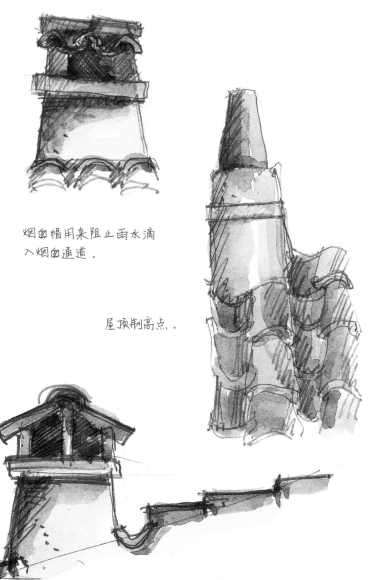

烟囱帽用来阻止雨水滴入烟囱通道.

屋顶制高点.

普通烟囱帽：两片屋瓦摆成人字形.

皮埃蒙特风格的烟囱帽（滨海阿尔卑斯省）.

石头

凡尔纳镇上的查尔特勒教会古修道院里的蛇形柱（瓦尔省）。

普罗旺斯，岩石的王国……从古生代开始，频繁的地壳升降运动和褶皱运动在造就普罗旺斯地势起伏的同时，亦将它变成了丰富的矿石王国。每个地区的地下都有自己独特的矿藏，且颜色各不相同。

许多矿场目前都在开采石灰质青砂岩。青砂岩是由海洋沉积形成的，它易于雕琢，遇到空气就会变得坚硬；岩质可硬可软，有的表面非常光滑，有的则因为化石含量高而显得粗糙。石灰质青砂岩颜色丰富，除了容易打磨，它的抗冻性也很出色。

丰特维那伊尔出产的青砂岩光滑雪白，拉库龙青砂岩则粉红细密，罗盖青砂岩呈黄色且岩质粗糙。它们都可以用来镶嵌齿状的外墙墙角、侧墙或大门边框。

埃弗诺之圣安娜市的白砂岩矿床（瓦尔省）。

迪朗斯河鹅卵石与罗盖镇上
的贝岩（罗讷河口省）。

坚硬的石头支撑着门窗，有效保证建筑结构的
坚固性（凡尔纳的查尔特勒教会古修道院）。

吕贝宏矿场出产檐口石、石板、石阶、泳池的石井栏与壁炉。在古建筑上经常见到的斑岩、蛇纹岩与花岗岩如今已经完全不开采了。

许多岩石粉丝仍然在继续开凿其他岩石：比如开发砂岩石板用来铺地、片麻岩用来贴墙、凝灰岩用于雕刻还有页岩用来做石板。

勒托洛内、里昂、埃弗诺地区的角砾岩中开采出的大理石，可用来做家具或铺地板。

卡西斯与邦翁出产的岩石质地非常坚硬，是用来开凿接水盆或蓄水池的理想石料。

无论是乡野村居还是大教堂，从地板到墙面还有各种各样传统的装饰物里都会看到不同模样的石头，它在普罗旺斯的建筑中占据了非同寻常的重要地位。

贝岩贴面。

黏土自古以来就因为随处可见、容易成形而被广泛使用。普罗旺斯出产的陶器质地轻盈，保温效果卓越，因而成为建屋必备之物：屋顶上的陶瓦、叠瓦檐中嵌入的陶砖、用在轻巧砖石工程上的陶砖，在现代管道系统发明之前，上釉的陶管还用来排水，使用最广泛的还是长方形的绯红、浅赭与橘黄等颜色丰富的陶制铺地砖。各种形状的陶砖犹如地板的彩衣：阿普特的特产六角陶砖，罗马方砖（12 厘米 × 16 厘米）、露荷玛邯方砖（13.5 厘米 × 13.5 厘米）及其他各种尺寸的方

陶

六角形与长方形的陶制地砖（沃克吕兹省阿普特市的费尔南家族企业）。

温暖的陶制地砖。

砖，埃克斯三叶草形地砖……各种别出心裁的铺法令家居添色不少：经典的直铺；大砖各角有小砖嵌入的满天星铺法；还有"地毯式"铺法，即当中的方砖按照对角线方向斜铺，最后四周再用一两行砖直铺；为了掩饰各个墙面互不平行的问题而采用的"随意铺法"，即竖排的砖底线并不对齐，这种铺法在庄园里用得很多。

假如地面没有耐心养护会变成什么样子呢？

每家每户都有保养地板使之形成防水膜的秘诀，基本的原料便是亚麻油和蜡。在时光的呵护下，陶砖散发着如丝绸一般柔和的光，使得普罗旺斯的地板蒙上了一层好客的色泽。

从十九世纪开始出现的六角形地砖曾经风靡一时。

下示右图：萨莱尔纳出产的六角地砖（瓦尔省）。

地板的二分之一铺法。

彩陶砖与水泥瓷砖

陶瓦表面涂上一层釉彩或者珐琅以后再烧制就成了彩陶。以前用这样的方法烧制的彩陶砖颜色多为黄色、棕色、绿色和红色。人们将彩陶贴在酒槽内壁，还有鸽楼放飞窗子四周，防止讨厌的老鼠爬进来。彩陶有时还会被用来贴在壁炉延伸出来的炉灶内壁以及楼梯扶手或窗台上。

精美堪比地毯的浴室地板砖。

二十世纪中叶，人们开始特别注重家庭卫生，也开始精心选用漂亮的材料装修居室，彩陶就是在这个时期开始被广泛使用。因为彩陶易于清理，人们便用它来铺墙、铺厨房的流理台和浴室。为了避免彩陶砖的珐琅层出现裂痕，人们基本不会用它来铺地面。

在萨莱诺的作坊里，师傅们仍然延续手工的方法制作模具，绘制图样。

水泥地砖用之不竭的装饰性。

形形色色的小动物们装点着这间厨房。

丰富的色彩与令人目不暇接的图样赋予了彩陶砖无穷的装饰性：地毯式的地砖铺法、墙上的装饰带、马赛克的效果……

有的重拾旧图样，比如这些白底青鸟就是典型的穆斯蒂耶尔图样。

从十九世纪开始，水泥瓷砖开始出现在普罗旺斯。水泥瓷砖的整体经过上色之后会在其中加入其他的图样装饰，经过适当的处理后，它便集结实、柔和与容易清理的优点于一身。

水泥瓷砖不但可以用来贴墙也可以用来铺设家中各个实用空间的地板。

经典的黄绿相间装饰风格也可以显得很现代。

铺于室外的彩陶砖。

法式天花板.

灰泥涂层中剥出的质朴的搁栅颜色使得这面天花板更加古香古色.

木

普罗旺斯曾经很长时间没有足够的木料。以前，屈指可数的几座森林供应着整个地区的需求，而且几个世纪以来，方方面面的需求使得森林遭受了很大的破坏：从罗马时代开始，造船业便开始砍伐树龄高的大树，森林砍伐让林于耕，玻璃工业也大量砍伐树木，还有民间取暖

优雅的法式天花板和铁艺吊灯.

坚固的实木百叶窗.

等。乡下的民居只能把木料用在刀刃上，或就地取材或从山中取材；像核桃木或松木等从山中砍伐的木材在铁路出现之前，是沿迪朗斯河由水路运出的。屋脊、楼板与过梁，通常都使用物美价廉的地中海松、落叶松，甘沃地区主要用冷杉树，有的时候也会使用柏树与栗树。室内与室外的细木工则会选用比较名贵的核桃木或橡树。

乡村的建筑对木工的要求并不非常严格，平缓的屋脊也不需要特别复杂的工艺。

普罗旺斯天花板的方柱横梁通常裸露在外，方柱形状算不上规则，因为以前的横梁先用白石灰粉刷，再用灰泥盖住。普罗旺斯木工技艺主要通过细木工艺表现：精工细作的木门，洛可可式的墙壁装饰，最富足的家庭里精雕细刻的墙裙。

石灰与石膏

普罗旺斯以前有许多常年经营的石灰窑。石灰岩经煅烧后的生石灰可以制成雪白光滑的石灰膏，这种石灰膏被广泛应用于普罗旺斯的建筑中；生石灰经水"消化"后形成的熟石灰，与沙子混合后即成为遇空气则硬化的砂浆。背阴地方的工程以前还用一种由石灰和土质沙混合

© H. Ronné

石膏雕刻画细节：鸟与枝叶。

© H. Ronné

而成的"鹊灰浆"。

过去，由河沙制成的砂浆也被用来给石墙砌缝。水泥砂浆加入被碾得粉碎的屋瓦与色素后，用来涂抹外墙。房子内墙则是用由石灰粉加入大量水制成的石灰乳浆粉刷。

石灰漂白粉过去也经常用于清洗羊舍。尽管工业水泥与涂料逐渐替代了石灰浆，室内设计师们却再次

黄色的石灰墙面衬托着白色的石膏雕刻画（罗讷河口省普罗旺斯的埃克斯地区拉米纳德农庄）。

农舍中一段随着弯弯曲曲的楼梯，扶摇而上的石膏楼梯扶手。

发现了石灰浆这种古老的涂料所蕴含的美。

　　石膏石经过钙化后便形成了石膏，石膏是一种过去常用的室内装饰材料。

　　石膏有白色、粉色与灰色。从前常被用来隔离房梁以防止火灾，也用来黏合砖墙做的隔墙，还用来搭建壁炉、楼梯护墙，作为楼梯踢脚板。工匠们在石膏粉中加进胶水，有时候也加入大理石粉混合后，趁着石膏还柔软的时候加工制成各种造型。我们在艾克斯与上普罗旺斯许多豪宅中都能欣赏到的石膏雕塑画就是这样制作的。

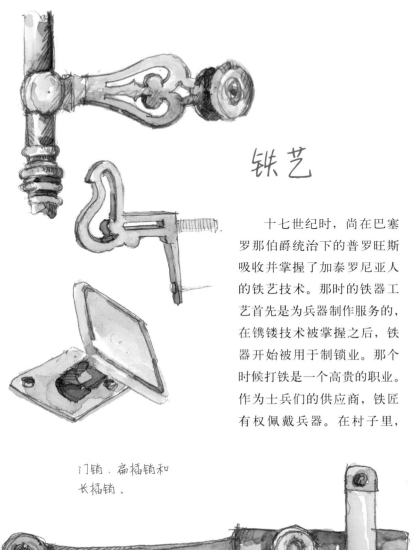

铁艺

十七世纪时，尚在巴塞罗那伯爵统治下的普罗旺斯吸收并掌握了加泰罗尼亚人的铁艺技术。那时的铁器工艺首先是为兵器制作服务的，在镂錾技术被掌握之后，铁器开始被用于制锁业。那个时候打铁是一个高贵的职业。作为士兵们的供应商，铁匠有权佩戴兵器。在村子里，

门销、扁插销和
长插销。

铁匠也会时不时参与住宅的建筑工程。

铁匠为木匠制作门钉、木制百叶窗的束带式铁铰链和长插销。还为泥水匠制作门枢与固定在墙壁里的窗栅栏。

十八世纪，焊接技术发明之后铁艺才真正达到巅峰。漂亮的豪宅、酒店与农庄开始用铁艺技术来制作轻盈的楼梯扶手、图案精美的阳台护栏与高雅的铁门。

锁艺是一门相当古老的手艺。

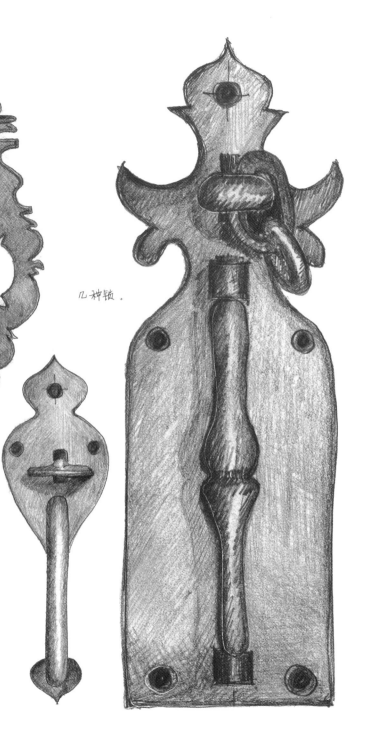

几种锁。

铁艺也被用于室内装饰。

在格鲁贝－拉巴迪埃博物馆的入口处，我们可以欣赏到一张典型的具有普罗旺斯装饰图样的案几。该图案的每个焊接点都被制成镀金的雏菊花，被称作雏菊图。普罗旺斯的家具、大门上随处可见这种图样。

如今，普罗旺斯的上空仍然回响着铁匠们打铁的锤音。的确，普罗旺斯人喜欢用既带有古风又有现代风格的铁餐桌、铁座椅、铁吊灯、铁灯座以及其他各种铁器具来装饰居所。

玄关大门

普罗旺斯民居的大门开在阳光普照又避风的南墙。比较小的庄园，掀开一面珠帘，丁零丁零声中客人便到了客厅。在设计严格的宅第中，玄关是一个与宅第规模相符合的宽大走廊，是接待室又是衣帽间，也是进入各个房间的必经之地。走廊尽头，是进入楼上各个房间的楼梯。豪宅的进门处是功能独立的一个空间。例如在沙泽勒农庄，宽大的衣帽间与豪华的楼梯以高雅的装修让来客甫进门便眼前一亮。为了不辜负好客的盛名，普罗旺斯人特

珠帘既遮阳又遮住了好奇的目光，有了它，大门便可以整日敞开着。

传统的用黄杨果穿就的珠帘。

橘树、曼陀罗与榕树在玄关耐心地等待着春日的回归。衣帽架上挂满了大衣和披肩，不胜负荷岌岌可危。案几上展出着山中漫步时寻到的各种宝贝：闪着虹彩的石头、松球，还有栗子……

色彩亮丽的玄关体现着主人的好客殷勤。

别重视把玄关处装饰得赏心悦目来赢得访客的欢心。

　　夏季的时候，玄关处寂寂无声几可罗雀，炎热的一天过后，这里的清幽一扫室外的喧嚣，格外让人神清气爽。衣架上挂着几顶可爱的草帽，一束盛开的岩蔷薇与大戟亭亭地立在案几上。

　　冬季的时候，各种斑驳陆离、颜色鲜艳的物什随随便便地摆着，透着一种随意的殷勤。在没有玻璃暖房的情况下，怕冻的植物像各种

楼梯

普罗旺斯的庄园里，多次扩建使得楼梯也独成蹊径。它经过过道、走廊或客厅的尽头延伸到不同楼层，即使是同一层的房间也不一定在同一水平面上。楼梯的木制结构上覆盖着石膏板，台阶上通常会铺上陶砖，并用橡木条或胡桃木条贴做梯级突边以防止打滑，没有贴地砖的台阶则直接使用光滑雪白的石膏。楼梯的护栏贴上彩陶便是扶手，有的护栏之上会另外安放铁制扶手。朴实的扶手为乡居楼梯添了许多魅

© H. Ronné

现已成为博物馆的圣若望圣艾蒂安酒店内富丽堂皇的楼梯（罗讷河口省普罗旺斯的埃克斯地区）。

© H. Ronné

古旧的石阶（阿贝尔塔庄园）。

© H. Ronné

庄园里贯通各层的楼梯。

力。农庄或城里酒店的楼梯则另有一种高雅。作为主要的室内装饰元素，楼梯从进门处开始扶摇直上。无论是弧线、景深，还是空间及踢脚板和楼层的高度，都经过一丝不苟的计算，装饰与材料也是精心选择的。

埃克斯地区宅第中的楼梯式样充分体现了楼梯艺术的多样性：楼梯可以是直线形、螺旋形、双螺旋，台阶可以是石台阶、石膏台阶，也可铺上陶砖。楼梯或有石制雕栏，或有能工巧匠制作的花样繁多的铁艺护栏。墙上的立体画、天花板上的石膏雕刻画、穹顶投下的阳光、顶部绘制的蓝天等，各种装饰手段不一而足……奥赛尔农庄的楼梯风格简单和谐：台阶上铺的是典型的普罗旺斯六角陶砖、木制的台阶突边、灰浆粉刷的踢脚板、铁艺护栏由直条与波纹条交互构成，在大气豪华的框架中，一座楼梯扶摇直上。

精心装饰的踢脚板给这座楼梯平添了许多魅力。

起居室

据说起居室的比例接近黄金分割率，因为起居室是为整个家庭而度身设计的。虽然没有精确计算的工具，过去的建屋者们观察力却很厉害。那时候身兼厨房、饭厅、接待厅数职的起居室是整个家庭活动的中心。

人们围绕着壁炉准备一日三餐、交流、聊天、唱歌、摇着摇篮纺着线，冬天的傍晚仍旧劳作不息。一张桌子、几把椅子或几条长凳、数个橱柜，便是起居室所有的家具了。

比起这样清苦的生活，休闲农庄的日子就逍遥许多了，农庄的起居室通常富丽堂皇且房间众多。

起居室是每幢房子的心脏。

有些农庄，比如米耶镇的巴拉克农庄的起居室里，以前还设有与墙壁等长的长沙发。沙发上铺着床垫，堆着靠垫；夏日的午后，百叶窗微微打开，主人在朦胧光线的笼罩下接待几位好友，大家懒散地像东方人一样躺在、靠在沙发上睡个午觉。

仿照豪宅的模样，如今的民居也与时俱进地加了一间起居室，有的是羊厩改建的，有的则是工具间改建的。起居室又给普罗旺斯人提供了发挥装饰天赋的场所。粉刷的墙壁、闪光的地面、厚重的窗帘，还有铁艺吊灯也成了普罗旺斯人的生活方式。

用来展示漂亮瓷器的碗碟橱。

拉米纳德农庄华丽的凹室内安置了一个摆着许多靠垫的长沙发（罗讷河口省普罗旺斯的埃克斯地区）。

在壁炉的旁边，往砖砌的炉灶里填入火炭来烹饪食物。

壁炉和壁炉灶

以前普罗旺斯的一天是从清晨生火开始的。壁炉在生活中是如此重要，所以泥水匠们在设计与建造的时候一丝不苟，不允许有半点闪失。比较普通的壁炉是用石膏搭的，带有排烟罩、过梁和简单线脚装饰的弧度柔和的炉台。石头搭建的壁炉块头很大，卡马尔格农舍里的壁炉可以容纳一个成年人站在里面。以前壁炉里面还设有壁龛用来在干热的环境里保存油盐之类的宝贵的调味品。

以前的壁炉还有用来烹饪的全副装备：铁钩上挂着一口锅、几根烤肉铁扦架，还有用来挂盆盆

壁炉和炉灶全景。

如果壁炉口开得太高，人们会在上方铺上块帘幕遮住一部分。

罐罐和长柄勺的柴架。

　　晚上临睡前，人们用像盾牌一样的被称作塔拉斯各的铁盖罩在炭火上，第二天早晨起来只要让炭火复燃即可。十七世纪时，炉灶的出现大大改善了人们的生活：炉灶是泥水匠建在壁炉旁边的一个家具，上面铺着陶砖。人们可以方便地从壁炉炉膛里取出炭火放入炉灶。炉灶上开着两三个方形灶眼，上面铺着铁炉条，可以烹制菜肴。炉灶从城里普及到了乡村。炉灶文火慢炖的方式最适合用来煲汤与烹饪肉类，烹饪出来的肉熟烂可口。

　　直到今天，壁炉仍然是聚集一家人的温暖所在。在寒冷的夜里，没有什么比一簇温暖心房的火焰更好的了。

　　壁炉通常设有炉门，这样也会让壁炉上方的排烟罩不会显得太高。

餐具橱、拉门餐具柜和面包柜

举世闻名的普罗旺斯面包柜。

路易十五时代典型的尼姆地方风格的大衣橱。

© M. Ogier

　　今天，移动式家具慢慢取代了起居室里泥水匠搭建的固定橱柜。人们把碗碟收入碗橱、餐具柜或带拉门的餐具橱。餐具柜是双开门的简单矮小的碗橱。

　　它很可能是从以前的和面缸演化来的，改动在于把内胆换成了搁架。拉门餐具橱是地道的普罗旺斯原产家具，它的结构是一个大的碗橱顶上加一个纵深偏小的由两扇拉门封闭的小柜子，好处在不必挪动碗橱上摆放的物品，便可以取出小柜子里装的碗碟。阿尔勒心灵手巧的细木工匠们装饰的拉门餐具橱声名远播，成了普罗旺斯最具代表性的家具。到了路易十五统治时期，普罗旺斯家具真正确立了自己的风格：流线造型，花、橄榄、篮子、麦穗的装饰元素，铁艺装饰，放射束的造型，线条优美的涡旋形支脚。许多城市，如阿尔勒、塔拉斯孔、博凯尔、阿维尼翁、马赛、尼姆以及富尔屈埃，都有以自己名字命名的家具形状或特殊的装饰风格。

普罗旺斯人发明了许多用途各异、既富装饰性也很实用的小家具：装玻璃制品的展柜、装锡餐器或彩陶餐具的展架，当然还有鼎鼎有名的面包柜。这个小小的由

十七世纪末核桃木制作的雕花架，上面刻着橄榄枝与橡子。

十八世纪的拉门式的餐具橱。

一排小立柱组成的笼子一样的家具，通常是挂在和面缸上面的墙壁上。经过几个世纪的不断完善美化，小开门上的雕饰越来越丰富，小立柱上的圆节也越加越多。面包柜作为不可或缺的装饰家具告诉人们，面包在旧日的普罗旺斯多么重要。

草垫椅与坐席

如今，椅子取代了长凳在餐桌边的地位。最初的椅子采用绳结经纬编织，被称为马赛椅，马赛椅后来让位于意大利式草垫椅。以核桃木、橡木或樱桃木制作的椅子一般会保留木料的原色，以黑莓树、山毛榉、栗树制作的座椅通常会涂上灰色、绿色、黄色或红色，这些颜色搭配草黄色的椅垫会显得椅子轮廓特别清晰。

路易十五时代的普罗旺斯有丰富的装饰元素：十字花形状的横木交叉连接涡旋形的椅脚、流线型的椅背、精雕细刻的坐垫。

用核桃木、橡木或樱桃木制作的椅子通常会保留自然的色泽。

放射束造型的带有橄榄装饰的靠背。

路易十六时期的椅子风格趋向笔挺。椅背的两个后腿上立着漂亮的橄榄形顶饰，靠背板常饰有里拉琴和象征一束麦穗的放射线造型。

安上扶手之后的椅子就成了安乐椅。安乐椅宽阔的座位坐上去十分舒适。在豪华的沙龙里，安乐椅坐垫通常会用丝绸、天鹅绒、锦缎与绗缝棉布等织物包裹，以衬托椅子丰富的雕饰与色彩。扶手椅在几个世纪里紧跟时代潮流，衍生出了软座圈椅等样式。

不是名贵木材制作的椅子通常会涂漆。

© H. Ronné

普罗旺斯的长座椅样式独特，有的时候看上去很像两三个或四个椅背加在了一个长凳上。这种普罗旺斯典型的家具主要是起装饰功能，比起泥水匠们搭的长沙发，它躺上去太硬了。

带把手的草垫椅。

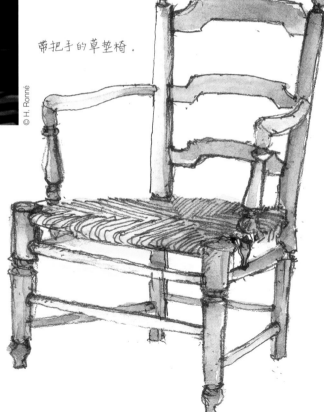

三人座的普罗旺斯长沙发。

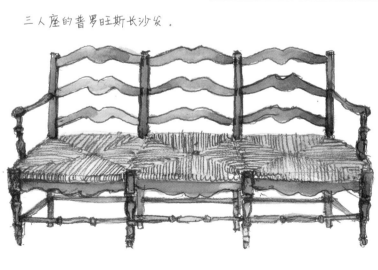

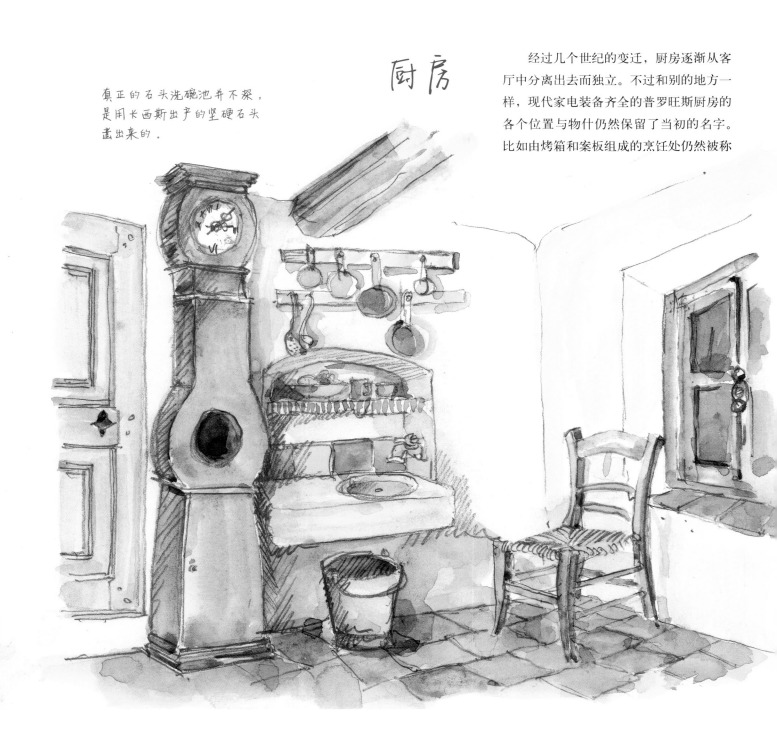

厨房

真正的石头洗碗池并不深，
是用长西斯出产的坚硬石头
凿出来的。

经过几个世纪的变迁，厨房逐渐从客
厅中分离出去而独立。不过和别的地方一
样，现代家电装备齐全的普罗旺斯厨房的
各个位置与物什仍然保留了当初的名字。
比如由烤箱和案板组成的烹饪处仍然被称

为炉灶，上面罩着宽大的石膏砌成的排烟罩。各色瓷砖像棋盘一样铺在墙上和流理台上。洗濯处也一样，以前人们觉得洗濯处很丑陋，所以会用一个被称为"洗碗柜"、形状类似柜子的家具藏起来。洗濯处现在逐渐成了房后堆放空瓶子、扫帚和抹布的杂物间。

人们在厨房里的洗碗池里洗涤餐具，洗碗池上开出了壁龛，铺上瓷砖后上面摆着餐具沥水架。不过厨房可不仅有实用的一面。

厨房是真正的家，在这里人们一边忙忙碌碌准备备晚餐一边聊天。如今的房屋整修倾向于把厨房安置在餐厅旁边，中间用泥水匠砌的橱柜或一个餐具橱来替代隔墙。一张大餐桌用来接待亲朋好友是必不可少的。

这样的布局将旧日宅院热情好客的风格完美地继承了下来。

光是蔬菜蒜泥浓汤和百里香的香气就足以让人食指大动了。

73

日常器皿

在村中集市上慢慢地溜达，令人流连的五颜六色，沁人心脾的各种芳香，让人心花怒放的琳琅满目……只要逛上一回就会明白为什么普罗旺斯人对自己家乡慷慨的出产如此心心念念了。

食材的准备、烹饪以及装盘过程中用到了许多陶制器皿。普罗旺斯盛产陶盘、煨肉锅、图磐壶、长柄平底砂锅、砂锅等各式各样的陶制厨具，滨海阿尔卑斯省的瓦洛里的陶器制作源远流长，十五世纪就已经通过地中海向外出口这些产品。厨房的碗柜里还摆着小口的酒壶，可让绳子穿过的多耳油壶，细嘴晾水瓮（放在烈日下，水汽蒸发吸收热量而获得清凉的冷水），还有内部上釉的橄榄罐，用来制作橄榄油蒜泥酱、蒜泥蛋黄酱浓辣味杂烩鱼汤和蔬菜蒜泥浓汤的研钵，以及用来翻鸡蛋饼的翻饼盘。

盐瓶。

上了釉的瓶瓶罐罐。

最后，还有线条圆润的上釉餐具，它们与色彩丰富的美味佳肴特别搭配。许多陶器艺人将制陶艺术不断发扬光大，他们总是紧跟时代潮流，特别钟爱水果、花朵与橄榄等装饰元素。

墙上挂的面粉罐、盐罐和刀盒固然只剩下装饰的功能，但一到夏季，红铜大锅就有了用武之地，人们用它来熬制果酱和腌制各种美味的果脯。酒瓶里剩下的残酒倒入壁龛的醋罐子里，不久之后葡萄酒就变成了美味的秘制香醋。

晚间照明的灯笼。

臼与杵

盛凉水的瓦壶

醋罐子

75

攀花格栅

屋前的露台上靠近水井或喷泉的地方搭一架攀花格栅，格栅下面摆上餐桌，人们便在此就餐了。格栅随着时代和潮流的变迁会有不同的样式。

有的新建别墅会仿照罗马时期的风格靠外墙搭由拱柱支撑的过廊，上面铺着红瓦。不过普罗旺斯人更偏爱乡野风格的攀花格栅：一排固定在墙壁上的横梁由泥水匠搭起的柱子撑着，也有的用生铁横梁与柱子，门上的挡雨披檐是用整块石头砌成的柱子支

芦竹秆编成的挡雨披檐在朝南的窗子上投下影子。

从五月开始直到秋季，普罗旺斯的生活大多是在室外展开的。

76

撑着。攀花格栅上面有的铺着秸秆，是名符其实的自然屋顶。紫藤、凌霄、金银花、茉莉等攀援其上，投下怡人的绿荫。

攀花格栅上如果爬的是葡萄藤，夏末时人们只须一伸手就可以摘下一串串甘甜诱人的葡萄，真是顺手拈来的餐后甜点。阿尔碧平原地区的攀花格栅支柱是撑在矮墙上的，墙上贴着陶砖，矮墙不但起到分隔空间的作用，还是现成的座椅。有时人们沿着屋墙搭建了一溜儿矮墙，上面铺满了靠垫，成了供人休憩的床，夏日午后卧在上面睡一个午觉，实在是再惬意不过了。

人们在攀花格栅上用的心思绝不亚于家中别的居室。因为花架才是夏季的起居室：人们在花架下面摆上餐桌，桌上摆着一个插满鲜花的花瓶，桌边再放上一个小的可以活动的备餐桌来运送碗碟菜肴。

对阴影的追求。

攀花格栅：室内与室外的过渡。

卧房与普罗旺斯大床

　　墙上涂的石灰浆散发的柔和光泽将睡房笼罩在温馨的气氛中。房间正中的大床让人们萌生休憩之心。著名的普罗旺斯大床现在的造型是从早期的华盖床衍生而来的。为了抵挡夜间的寒气，从前的人们睡在帷幕之内。床的四角立着高高的撑杆，帷幕就像窗帘一样挂在撑杆撑起的帷幕杆上。华盖床消失之后，四角的撑杆被截短保留至今。马赛地区的大床在床头上装了一块

松果象征着多子多孙，用它装饰的天盖之下的夜该有多么温柔。

阿尔勒插画家雷奥·勒雷
装饰的普罗旺斯大床。

简单装饰的木板就成了床头板。阿尔勒地区也依葫芦画瓢，还在床尾加上了比床头板稍低的床尾板。一直到了二十世纪人们才开始雕饰大床，床的雕饰风格秉承了普罗旺斯其他家具的装饰风格，亦受到了三十年代艺术风潮的影响，比如阿尔勒地区采用的雷奥·勒雷喜爱的法兰多拉舞装饰图案。普罗旺斯自古有为逝者焚毁生前睡榻的风俗，不必世代流传的床，风格渐趋简约。

　　华盖床如今重新在普罗旺斯的房间里时兴起来，当然，不再是为了避寒，而是因为它漂亮的铁制架构，还有轻纱一般的帷幕为房间增加了和谐的气氛，令人回想起旧时睡房的私密惬意。

儿童家具

以前，照料孩子被认为是女人的职责，所以摇篮就摆在妻子的房间里。摇篮的结构是一个木制的箱子，用转轴挂在固定的底脚上，可以左右摇摆。摇篮的前头竖了一个撑杆用来挂上帷幕，防止小孩子着凉。摇篮正好和坐着的人一般高，这样一个小姐姐或者疲惫的大人就可以坐着唱摇篮曲，然后随着摇篮曲的节奏摇晃着小宝宝入眠。孩子长大一些以后就可以用双臂支撑着一个可

"小家伙，你要像面包一样美好，像盐一样健康，像火柴一样挺直，像蛋一样充实。"普罗旺斯人给新生儿的传统祝愿。

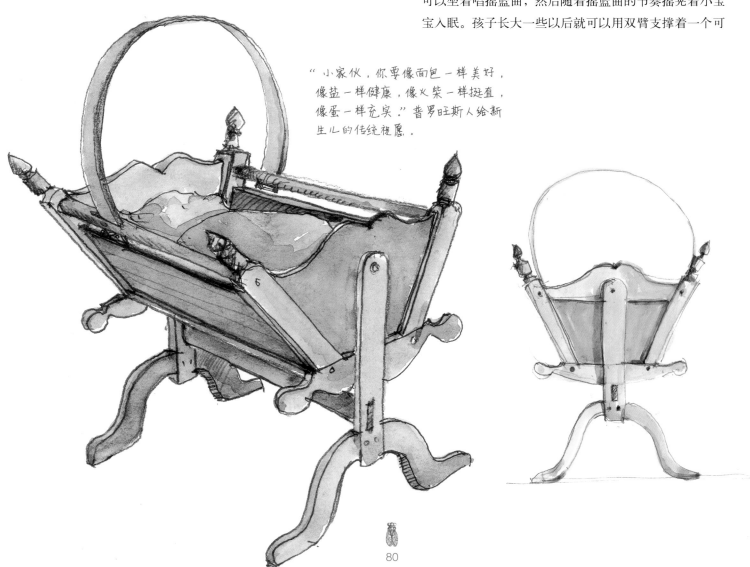

用上色的铁皮制成的波波船像真正的船一样利用蒸汽动力航行。

以滚动的椅子来学习走路，小孩头上还会戴顶用草秸填充的帽子，万一跌跤了头上不会撞出包！

　　现在房间里的儿童家具固然有了许多变化，但是电子玩具并没有完全取代经典玩具的地位。玩过家家的小姑娘有全套彩陶制作的迷你厨具。妈妈们经常跑到旧货市场淘二十世纪马赛出产的各种玩具：二战前的填充娃娃、陶制的彩绘陀螺、缝纫机，还有六十年代流行的怀旧衣裙。爸爸们则对小轿车、卡车、救火车、摩托车、飞机轮船等玩具情有独钟，这些已经消失的玩具品牌令他们重温儿童时代的旧梦。

　　而小孩子们还争着玩波波船：在一艘尖尖的小船里灌满水，把一个小水手放在舵手的位子后点上蜡烛，水受热生出蒸汽，然后就突突突……

地中海周边以前的习俗是夫妇两人分房睡，只有在时机合适的情况下才可以同床共枕。

遵守这个规矩在那时是好教徒的标准，不但是跻身上流社会的表现，也代表了丰厚的家底，毕竟要有所大房子才能夫妇二人各置房间嘛。男主人这边主要关注大事，身份证件、金钱财产、种子谷物等。女主人则要和小宝宝以及女儿们共用一间睡房。属于女人的空间里总会听到绵绵细语，见到各种各样女孩子的装饰用品。

衣柜与五斗橱

涂漆的大衣柜（朗贝斯克博物馆）。

不论是涂漆还是打蜡，普罗旺斯的五斗橱总是很精致。

房里立着个威风凛凛的大衣橱，里面装满了女主人管理的家庭生活必需品：细软、白玉绣品、节日盛装、首饰、天鹅绒缎带、虔诚的小宗教画……最初的大衣橱是固定在墙上的一个柜子。后来大衣橱就成了女主人来到新家的陪嫁，上面雕饰着汤碗、心连心、鸽子、丰裕之角以及各种当地的花朵等图案，数不胜数的图案象征着家庭和睦、夫妻恩爱与子孙满堂。

十八世纪时，生活富裕的家庭开始在房间中摆设五斗橱。五斗橱以前只为了应不时之需，有两三个抽屉。五斗橱把普罗旺斯的装饰风格发挥得淋漓尽致。尼姆的细木师傅将很大精力花在下方挡板的装饰与造型上，上面通常绘着欢宴与劳作的场面，这赋予了五斗橱非常独特的丰姿。那个时候一个五斗橱是当之无愧的富人象征。

薰衣草一束束摆在衣柜里熏香衣物。

月牙形被边的厚实绗缝被床罩铺在床上，虽然颜色已有三分旧，但人们都知道它曾经十分艳丽。和中欧冬寒夏暑的国家一样，普罗旺斯的床罩是双层的绗缝被。普罗旺斯人很早就采用绗缝被这种在薄布里加棉里子来保暖的技术。

普罗旺斯绗缝被共有三层：衬里是一层轻软的印花布，中间是棉花或丝绸填充的里子，被面则是漂亮的印花棉布或丝绸布，被面常用印度布花样子。花样以间隙较大的针脚绣成。以前，双层绗缝技术也用来缝制衣服。

绗缝被与白玉绣

色彩亮丽的绗缝被。

© E. Cattin

这种绗缝被经常被布艺商误称作白玉绣。真正的白玉绣其实非常罕见，因为缝制周期长且工艺复杂，是真正的艺术作品。白玉绣由两层白布或单色布缝制：里层用的是粗棉布，外层用的是细棉布，两层布用细密的针脚缝在一起，细细密密绣着各种图样：代表爱的心、代表好客的香蕉、代表守孝的柏树……这些图样由于从里层被塞入一根根棉线而凹凸有致充满立体感。

白玉绣品在以前伴随了女人一生所有的重要成长阶段。卡西斯与拉西奥塔的水手的妻子在等待丈夫出海归来的漫长时光里成了最好的白玉绣娘。

十八世纪带着印度花纹的绗缝被（查理德默瑞博物馆，Souléiado 印花棉布品牌）。

用绗缝布做的婴儿的长袖内衣。

© H. Ronné

拉米纳德农庄里波莉娜·博尔盖泽夫人用过的大理石浴缸（罗讷河口省普罗旺斯的埃克斯地区）。

浴室

ICI
RÉSIDA EN 1807
PAULINE BONAPARTE
PRINCESSE BORGHESE

© H. Ronné

曾经有一段时期人们将身上内衣的雪白程度看得比身体的洁净程度更重。人们千方百计遮掩身上的污垢，身上穿的衬衣却必须看起来洁白无瑕。

在公共洗濯间工作的浣纱女或者洗衣工人有一个最厉害的法宝：马赛肥皂。香皂虽然不是在马赛城发明的，但因为其中的橄榄油成分，所以早在十七世纪香皂就在这里闻名于世。十八世纪中叶，贵族精英阶级模仿着凡尔赛的生活方式，将古罗马一直维系到中世纪的公共洗浴传统重新继承了下来，人们逐渐开始养成洗浴的生活习惯。

人们不远千里来到格雷乌莱班洗浴，比如波莉娜·博尔盖泽夫人就命人在她居住的艾克斯的拉米纳德农庄里安装了一个大理石浴缸。二十世纪初叶，人们开始为淋浴、卫浴和浴缸开设独立的空间，随之普及的还有新型的家具和配件。与此同时，洗衣机也开始出现了，公共洗濯间和浣衣女就成为了公众的历史记忆。马赛的一位制皂工人发明了适合机器洗涤的洗衣粉之后，人们大量甚至过量地使用洗衣粉。离马赛不远的格拉斯人自古以来就有提炼香水的精湛技艺，他们很快抓住了香水业的契机而奠定了普罗旺斯香水产地的地位。

令人心醉神迷的芬芳……花宫娜香水（滨海阿尔卑斯省格拉斯市）。

© E. Cattin

香皂的好处很多：柔滑、自然又可以被生物降解不产生污染。

© E. Cattin

蝉与卡马尔格十字架

卧蝉领带扣……

……卧蝉壁挂与
卧蝉灯座.

蝉即夏天，它们生于夏季也死于夏季。在阳光最炙热的几个星期，夏蝉隐身在浓密的树丛里，腹部两侧的鼓膜摩擦发出尖锐的声音为盛夏伴奏。

从古时候起，蝉就作为音乐与诗歌的象征而被南方奥克语（普罗旺斯语）诗人与作家称颂。埃米尔·荷拜称蝉鸣为阳光之音。蝉也是昆虫学家们热衷研究的对象。

普罗旺斯作家玛丽·葛丝柯将蝉称为橄榄故乡最受青睐的虫儿。南方人把蝉当作吉祥物而一年四季形影不离：一进家门，就看见墙上挂着的蝉饰，还有蝉形的花瓶，里面插的薰衣草是对客人最好的问候，书桌上摆着蝉形镇纸以及各种蝉造型的日常用品……

在普罗旺斯西部，墙壁上的挂饰则非卡马尔格十字

根据普罗旺斯的传统，被神庇佑的枝桠插在十字架是可以避雷的。

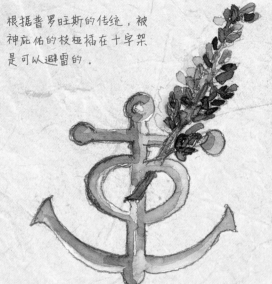

卡马尔格人脖子上挂的卡马尔格十字架……

架莫属。它的造型代表了组成家园不可或缺的三种自然元素：水、天、地。而从神学上讲，它还代表了信、望、爱三种高贵的道德。十字架的最下方是一叶圣玛丽轻舟，代表了水这一元素，公元一世纪的时候，三位圣玛丽就是乘舟而来，开始在普罗旺斯传道，因此亦代表希望。中间的造型代表了土地，虽然这里的土地贫瘠，人们却将它做成了心的形状，这颗心不但代表了慈悲，人们还赋予了它爱的象征。十字架的最上方是一把三叉戟，它代表天，三叉戟是畜养公牛不可或缺的工具，在宗教上代表着信仰。

人们把卡马尔格十字架钉在马鞍上、用一根皮条挂在颈间或者做成别针别在外套上。

……它还被印在绵羊的背上做记号。

彩陶小泥人：
负薪的女人。

"纸盒子里安睡着小泥人。"最早的时候这些小人是用木头雕的、玻璃捏成的、蜡团或面团捏出来的或者是彩陶烧制的，陶制小人或被涂上颜色或被穿上衣物，每到圣诞节便隆重登场。耶稣诞生的马槽情景再现是亚西西的方济各圣人留下的传统，他母亲就是普罗旺斯人。几个世纪下来，圣诞情景表现艺术已经有了一定的成规。客厅的餐具柜里巴勒斯坦小城伯利恒在圣白芭蕾日被扮成了典型的普罗旺斯城市：青苔、百里香和生芽的大麦

着衣的彩陶小泥人：
卖擦布的女人。

耶稣诞生的马槽、彩陶小泥人与彩绘陶俑圣母子

待冷却的尚未组装的陶制半身像。

90

将小城装扮一新。破旧的木屋里，玛丽与约瑟夫跪拜在圣婴耶稣面前，熟悉的不朽的人与牲畜将他们团团围住：驴、牛、牧羊人和他们的羊群、牵着骆驼的东方三圣、还有那个吹响号角向世人通告圣诞的布法罗天使、那个双臂朝天的开心汉、长鼓手、磨坊主，还有那个阿尔勒人……除了表现福音书中提到的传统宗教人物，小彩陶人中还有形形色色的做着各种生计的小老百姓，有的身着长裙或漂亮的燕尾服，有的披着长披肩或斗篷。每年一度的大集市体现了普罗旺斯人对这些简单而又别致的人物的深深喜爱之情。

彩色圣像小泥人经常表现的是圣母，不过各个圣人、僧侣和主教也有一席之地。这些石膏或陶制、以示虔诚的圣像起源于意大利，颜色靓丽，有的用金叶装饰的

彩陶小泥人：上酒菜的酒馆。

牧羊人与绵羊的石膏模子。

©E. Cattin

马赛守护圣母圣殿内的圣母是水手的保护神，圣殿内圣母子造型的彩色圣像不仅在普罗旺斯地区，在所有的港口地区都十分流行。

小圣像默默保佑着全家平安。

去马赛守护圣母圣殿朝圣后回来的人们，会随身带回一座马赛圣母圣像，许多港口地区的人家也都供奉马赛圣母。不过这些仪表堂堂的圣人们数个世纪当中随着当世的风尚也已经走下了神坛。所以今天的彩陶小泥人也会表现猎手、土耳其人甚至伏尔泰和拿破仑等世俗人物。

阿普特地区的彩陶罐。

路易十四统治时将王室的金银餐具全部熔了来支付战争赔款，普罗旺斯借此从陶罐之乡发展成了彩陶王国。他死后，富裕的资产阶级不希望继续过太简朴的生活，于是为自己频繁的节庆接待活动订制了大量规模相当可观的彩陶餐具。那时新兴的茶、咖啡和巧克力等热饮料也促使彩陶制作者们不断发挥想象力来创作新造型的餐具。穆斯蒂耶尔、马赛和阿普特地区的彩陶品最负盛名。到了十七世纪末期，穆斯蒂耶尔出产号称是整个王国最美丽最精巧的彩陶器皿，成为上层阶级专用的高级奢侈品。

彩陶物件

当时的彩陶创作借鉴了银器的装饰风格。贝朗风格、暴风雨中的狩猎场面、茉莉花图样，还有中国风等奠定了穆斯蒂耶尔这座位于上普罗旺斯地区的城市的业界地位。马赛城则独树一帜，商品批发交易带来的大量财富造就了更加明快热情的彩陶制品。

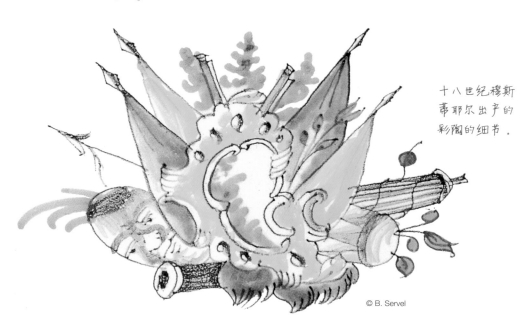

十八世纪穆斯蒂耶尔出产的彩陶的细节。

除了传统花样，马赛的彩陶制作商比如培瑞夫人的作坊也大量采用颜色绚丽的花与动物元素来装饰彩陶器皿，当地出产的鱼类也是他们爱用的装饰元素。阿普特人的器皿经常将把柄与罐耳做成橄榄与花的造型，但是颜色则完全取决于大自然这位设计师，他创造的各种色彩的陶土决定了阿普特器皿的色彩。

　　闪耀着大理石与碧玉玛瑙光泽的陶胚涂上一层以铅为基本组成的透明釉彩，再饰以单色的鲜花图样或花边就显得分外出色。

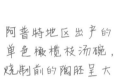
© Atelier Faucon

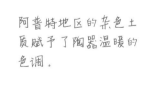
© Atelier Faucon

阿普特地区出产的
单色橄榄枝汤碗，
烧制前的陶胚呈大
理石色。

阿普特地区的杂色土
质赋予了陶器温暖的
色调。

© Atelier Faucon

© B. Servel

从贝朗风格（À LA BÉRAIN）
装饰的水壶（上普罗旺斯阿尔
卑斯省穆斯蒂耶村）。

玻璃器皿

早在十五世纪，在追求美感又热爱生活的勒内王统治下，为了盛装美酒与橄榄油，普罗旺斯就已经发展出了玻璃制造业。当时出产的雪白的玻璃器皿以做工精细而闻名。除了无脚杯和长颈大肚壶等常用玻璃器皿，普罗旺斯玻璃作坊还制作当地特有的器皿，比如圆肚长颈细嘴的喷油壶，它可以将橄榄油一滴一滴地滴在橄榄油蒜泥酱上。

还有玻璃小夜灯，玻璃圆瓶内或后面放上一根蜡烛，烛光透过玻璃球温柔地投射在精美的作品上。马赛、阿尔勒的

喷油壶。

黑玻璃松露瓶。

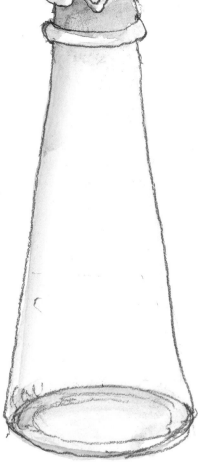

© E. Cattin

亭克塔耶区的作坊出产质地不是很细致的、适合日常使用的黑色玻璃器皿。黑色是因为普罗旺斯人为了减少森林砍伐而用煤炭烧制玻璃的缘故。

玻璃瓶的形状多种多样：最常见的巴黎品脱瓶和波尔多瓶、鼓肚的让娜夫人瓶、各种形状的扁瓶、烟叶瓶与不透明的松露瓶等。当今的普罗旺斯仍然继续手工生产精美绝伦的玻璃艺术品。

成立于一九五六年的比奥玻璃厂生产气泡玻璃制品。玻璃胎受热后上面撒的碳酸钠粉末发生化学反应，产生的二氧化碳气体悬浮在玻璃中，形成气泡玻璃。丰泰纳德沃克吕瑟镇上的一家玻璃作坊为参观者现场表演口吹玻璃手工制作的各种水晶制品：灯盏、花瓶、烛台、水壶、水杯……都是造型独一无二的单品。

让人顿生食欲的
晶莹剔透。

古代相传的手艺

旧木屋里还藏着许多旧物，人们不但忘记了它们的用途，甚至已经不知道它们的存在。在诗人弗雷德里克·米斯特拉尔的倡议下，十九世纪末就成立了阿尔勒博物馆，它是最早的民俗博物馆，旨在保留日常旧物以帮助公众留住对历史的记忆。

卡马尔格与克罗地区的博物馆记忆着斗牛运动、养马生活，其中收藏的羊毛剪和家畜的铃铛等各种物什生动地讲述着羊厩里一天的活动。罗讷河谷地区的博物馆里展出着葡萄种植业中使用的各种工具，比如硫酸铜喷雾器、耕作多石土壤用的窄头锄等。

古老的音乐传统生生不息：普罗旺斯长鼓与三孔笛。

卡马尔格过去牧马人住的木屋。

瓦尔省的博物馆则以木栓槠的生产活动为主题，格拉斯的香水博物馆展示着当地最主要的工业，如今成为博物馆的上普罗旺斯阿尔卑斯省的萨拉贡隐修院收藏着打铁工具、薰衣草香精提取设备以及一个种着已不多见的植物的花园。许多博物馆都着重展示与解释旧时代的日常生活物品的用途：黑麦耙、鹰嘴豆筛、牧羊人随身携带的日晷以及各种乐器，例如这些陶制的法国号，收获季节里人们吹响号角来驱逐各种恶灵……博物馆许多物品还展示着宗教昔日的重要地位：钉在船头的海员十字架，感谢神助的各种还愿祭品，还有修女们为感谢施主的慷慨而用彩纸编就的小小圣物盒等。

卡马尔格地区的标志物：公牛……

……与风标。

布匹

红与黄是属于南方的色彩。

布匹自古以来即是普罗旺斯的财富之一。

这里的人们很久以前就开始用羊毛、亚麻与大麻来纺线与织布。罗讷河谷下游以及上阿尔卑斯普罗旺斯地区的蚕丝是阿维尼翁教廷奢华的宫廷生活中必不可少之物。同一时期，人们也开始种植茜草之类的染色植物。

后来，普罗旺斯人接触到了来自东方的织品。他

普罗旺斯印度布的优雅魅力。

苏莱亚多保存下来的木制的印布模子……

……使得人们可以追溯从前使用的图样并进行再创作。

© E. Cattin

葵花籽。

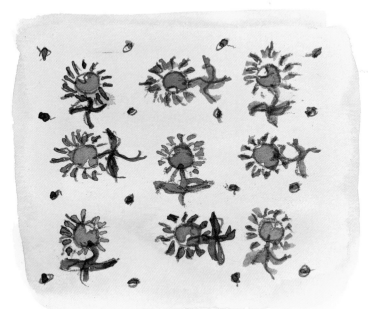

们对来自印度的棉布和平纹细布赞叹不已。远航归来的旅行者、传道士们带回来的亚美尼亚印花布以及暹罗丝织品也在普罗旺斯各个港口登陆。他们学会了织造印度布来装饰家居与缝制衣裙，印度布颜色鲜艳，花草图样与阿拉伯装饰花纹或绘或染。因为扑克牌制造业而拥有大量雕刻师傅的马赛城是最先印制生产印度布的城市。

　　虽然路易十四禁止平民使用这种布匹，马赛的女人们却冒天下之大不韪，依然穿着印度布缝制的衣衫。马赛女在那个时代被公认为是王国里最优雅的美女。禁令解除之后，许多城市比如奥朗日和塔拉斯孔开始生产印度布，并形成了普罗旺斯自己的风格：花园图、当地的香草、橄榄枝、葡萄藤以及其他风格越来越独特的图纹。

普罗旺斯的布匹至今仍咏唱着自己的风格。

　　工业革命之后，仍然有极少数的手工作坊继续运作，比如苏莱亚多作坊很幸运地保留了曾经使用的雕版，这让他们可以再次印制昔日风格的图样。普罗旺斯当代的织品仍然继续传唱着自己的风格，使它的纺织传统源远流长成为不朽的传奇。

篮筐

　　根据用途，以前篮子的种类不一而足：采摘、装载，甚至水中捕捞……人们主要是用柳条编制，并将其与木料或皮革相结合而制作各种形状的篮筐。

　　普罗旺斯有两个著名的篮子出产地：沃克吕兹省的卡代纳镇，加尔省位于阿维尼翁与塔拉斯孔之间飞地上的瓦拉布雷盖镇。

　　篾匠们编制用于采摘葡萄的背篓、装乳酪的双耳柳条筐、渔民捕鲹鱼的柳条篓、簸面粉或大米的簸箕、束在驴背上的逛集市用的背篓。

用来装东西的篮子。

斯寇坦榨油草编片
的制作（尼永市）。

柳条是目前流行的
自然编织材料。

在卡代纳博物馆和瓦拉布雷盖镇每年夏季的篾匠节上，参观客们仍然能一睹这门古老的艺术。尽管二十世纪初篮编业几近消失，但如今人们对于自然材料的偏爱又使得这门手艺得以复兴，而且如今的手工业者巧妙地朝花夕拾，重新演绎几乎销声匿迹的昔日式样，而且他们不再局限于编篮的实用功能而大胆地将它们作为一种装饰来创作。普罗旺斯人还将编制技术用于其他的材料：铁丝用来编蛋篓、生菜篓或装蜗牛的小篮子，椰壳纤维用来编橄榄油过滤盘，橄榄油磨坊将橄榄碾碎后形成的橄榄酱平铺在过滤盘上，许多过滤盘叠放在一起受到水力挤压后便过滤出了初榨橄榄油。尼永市的一家编制作坊开辟了许多新市场。着色以后，各种尺寸不一的产品可以是餐桌隔热垫、地毯和门毡等。

© E. Cattin

花园之乐、花园之用

神至的薰衣草香气宜人且有毋庸置疑的疗效.

　　普罗旺斯人自古以来就有在菜园中辛勤劳作的传统，人们在设计房子的同时，甚至之前便将花园考虑其中。大自然给普罗旺斯人设置了许多考验，许多小气候带里不时遭受干旱、烈风、晚霜、洪涝等灾害，这迫使人们必须要与大自然合作才能取得最好的回报。普罗旺斯人不但学会了开渠灌溉，还会在避风处种植植物，并利用树荫来获得阴凉……庄园和农庄的花园通常都是以梯田的方式开在山坡上的。

　　受到邻国意大利的影响，普罗旺斯的花园设计通常包括水池与灌木丛、雕像与乔木、幽深的小径与两旁种植香草的过道，布局既严格精确又洋溢着恰到好处的激情。不过，花园并不只是讲究美感。花园无论大小首先是一种桃源仙境的象征，美与收获共存。这就是为什么花朵、果实、蔬菜、香草要与岩石、阳光、流水巧妙地结合来满足美感与产出两种需求。所以，种植百里香、鼠尾草和墨角兰的方畦中会趴着一个石蟾蜍；洋甘菊、藿香或薰衣草等药用植物中间会生长一株蔷薇；番茄架会依着一口水井；芬芳的茉莉花爬上藤花格栅；松针后藏着鸣蝉。多么美好的田园牧歌式的理想生活……

"只要一年四季每天都食用橄榄，就能活过最结实房子里的格栅。"

——普罗旺斯格言

阿贝尔塔庄园中的喷水设计（罗讷河口省布克贝艾镇）。

花园之水

　　水是孕育生命的无价之宝。因为降雨不均，普罗旺斯人自古以来就分外珍视水源。导演兼剧作家马塞尔·帕尼奥尔的电影《泉水姑娘玛侬》就生动展示了普罗旺斯人对水源的热爱。

　　普罗旺斯的花园不但表达了人们对植物的喜爱，也流露着人们对水的崇拜。建于十七世纪的阿贝尔塔奢华碧绿的花园中，人们开发了五处水源，不同源头的水经过复杂的水道流入露台上的数个水池中。人们在享受水意温柔的同时，亦可汲水浇园，灌溉草坪、菜园与耕地。

　　意大利喷泉制造者是这门复杂的水利技术行业中的翘楚。建于二十世纪的位于圣让卡弗尔拉的罗斯柴尔德花园别墅里，水仍然被推崇备至。别墅中的六个主题花园中设有许多喷水池，水由水道运送到花园各处，流水格外为花园增添灵气，成为让游客心旷神怡、流连忘归的美景。

水池如镜映照着家园。

比起大的别墅，普通的庄园附近的水流虽然显得低调许多，却也无处不在，喷泉、水井，还有附近小河里的淙淙泉水。人们设置了铁制的手动水闸来引水灌溉开在花园下面的农田。二十世纪的休闲风尚也不例外，人们一如既往地保留了对水的热爱。借鉴古代希腊-罗马传统，人们在花园一角安放了游泳池，里面总是回荡着嬉戏的欢声笑语。泳池的形状或规则或自由，它成为炎热夏季的清凉乐园。在翠绿的松柏与棕榈树的掩映下，石砌的泳池如今已经成为普罗旺斯花园中不可或缺的组成部分。

博布埃农庄露台尽头的水池。

雕塑、修剪的花木与花盆

阿贝尔塔庄园的
雕塑。

埃克斯附近瑟耶城堡的守门狮子坚定又威风，凛然不可侵犯；卡弗尔拉的雪松别墅中，三个小天使将水盘高高托起；一所庄园的花园里水仙从贝壳中飘然升起；小木屋旁的水池里一只企鹅趴在井边……无论是在水池旁还是丛林深处，石雕都是花园的永久居民。

它们傲视时间与风霜雨雪的侵袭静静地站在那里，看到它们，人们便由心底油然而生一股平和之气。

花园也秉承传统设置了由植物修剪而成的造型，它们令花园布局非常有结构感。许多植株不像扁柏那样拥有天然的流线型线条，必须不时加以修剪维护。

方盆、广口盆、美第
奇花盆与带底脚的浅
口盆。

一处私人花园里树木
掩映中的火焰石瓶。

黄杨木非常适合修剪成动物或其他各种对称造型。小檗和药用薰衣草棉，还有围绕香草方畦的百里香是视觉效果完美的矮墙，露台上靠近大树的地方，桔树、蔷薇、月桂树的树冠被剪成圆球，仿佛棒棒糖的模样，一团团地为空间增加了节奏感。

　　最后，在普罗旺斯无盆不成园。各种各样的陶制花盆或石花盆里栽种着需要时时浇灌的花花草草：

　　昂迪兹花盆里栽了柑橘树，花环装饰的花盆里种了小花木，敞口花盆、花瓮、美第奇花盆里则开着一年生的花朵。庄园露台和外墙台阶上自古就有花盆做装点。村里家家户户门口摆满各种花盆，俨然自成花园。

一个旧式花盆里种的夹竹桃花（博尔默勒米莫萨）。

昂迪兹花盆里一株被修剪成圆球状的黄栌木（阿贝尔塔）。

村中路上用花盆摆出的花园（博尔默勒米莫萨）。

水仙之梦与阳光下
的躺椅。

烛杯中的红色火焰。

花园陈设

夏日清晨，起身来到露台，坐在老旧的石凳上饮上一杯咖啡是多么惬意的事！周遭尚静谧，蝉儿们才开始轻轻鸣唱。正值正午。花藤架下木制或铁制的长桌已经摆好，开席待客。有的桌面是按照地中海习俗用小马赛克拼起来的。这样就可以省下铺桌布的麻烦了，拼出的画面是如此让人赏心悦目，清洁起来真是再方便不过了！桌旁随意围着几把椅子，上面星星点点地印着鹅卵石的图案，正好和桌子相配。

午睡的时辰到了，折叠的躺椅打开了，长椅被移到树荫下。普罗旺斯长沙发上，风障后的铁床上已经堆满了靠垫。空气炎热而安静。

泳池四周的家具让人们尽情地享受阳光度过悠

闲懒散时光：带滚轮的床、运送饮料的小餐桌、放置杯子的矮脚小圆桌等。它们大多以耐雨淋抗日晒的塑料制成，也有许多像以前室外用的藤椅一样是藤编的。

　　傍晚时分，在水边品一杯粉红酒，享受真正的轻松时刻。

　　仲夏夜里烛光摇曳，摆在桌上或挂起来如吊灯一样的烛杯散发着柔和的光。

　　烛光在温柔夏夜的微风中摇曳不止。

　　此时家中熟悉的景物投下的影子，如同出演着一场皮影戏变得有些神秘。远处，两棵树之间绑着的吊床轻轻摇摆，里面有个小孩子已经进入了梦乡。

树荫下的夏日沙龙。

遮阳伞与茅草亭

从十九世纪开始，地中海沿岸的风景逐渐发生了变化。

洗海水澡的诱惑、各种水上运动的兴起，人们对于日光浴的追求，使得昔日荒凉的海滩变得生机勃勃充满人气。许多海滩都像城市一样拥有完备的公共设施。四通八达的公路网还有随处可见的停车场为游客的舒适假期大开方便之门；可以租用躺椅或者床垫来舒舒服服地享受日光浴，室外淋浴帮助人们洗去海水盐分，卖最时髦泳衣和流

水边午餐。

行游戏用品的商铺，可以观海的餐馆。海滩上的餐馆还有方便拆卸的茅草亭提供了惬意的空间。后者易于拆卸，冬季的时候撤掉便可还原海边原本的风景。在玩沙滩排球和乘着水上摩托艇转一圈的空档，人们特别喜欢在茅草阴影下喝上一杯。

和这些高度城市化的海滨浴场形成鲜明对比的是那些悬崖峭壁当中隐藏着的小海湾，它们依旧保持着原始的粗犷。只有走蜿蜒的羊肠小道才能来

110

在这里，渔船被称为"尖头船"。

到这里，有时候路是这么难走，却能让人观赏到绝美的风景。莱斯特勒镇上或拉尔迪耶尔小海滩的安静如同卡西斯及马赛地区的小海湾一样弥足珍贵。从海上进入虽然比较容易，但需要一艘"尖头船"或一艘帆船。去的时候不要忘记带上一把遮阳伞和一块大浴巾，用它来标出选好的要消磨上一整天的好位置，还要带上手提式的小冰箱存放解渴的冰水。

茴香酒、纸牌游戏和滚球

傍晚太阳落山的时候，村子里就热闹起来了。

一直到夜幕降临，这里都是人们聚会放松的地方。咖啡馆客满了，就坐的人们聊着当日发生的新鲜事儿，桌上摆着的茴香酒散发着香气。

饮开胃酒时自然少不了开胃的小菜，旁边的小摊上卖着各种当地小吃：普罗旺斯油橄榄酱、尼斯豆饼、艾斯塔克油条……最后，有人从兜里掏出了一副牌，这副牌的产地也不远。

马赛很早就是纸牌和塔罗牌之乡，纸牌印制用的是雕刻的木板模子。三十二张牌一副的经典牌戏中，不论老少都唇枪舌剑、寸土必争。这是一种勃洛特纸牌游戏的另一种玩法，当然，这种玩法更胜一筹。人们在嬉笑与争执中流露出对这种精妙有趣的典型的地方游戏的热衷。

远处，另外一群人也聚到了滚球的场地上。村里的广场上，各方参赛选手被聚精会神的看客们团团围住，有的瞄准击球，有的让球慢慢滚近目标。在紧张又友好的游戏气氛中，人们撇出了金属球，扔球的时

斟上一杯茴香酒，度过惬意的轻松时刻。

© E. Cattin

候不能踮脚。另一种普罗旺斯滚球"长滚球"则需要跑动扔球。滚球因此更加容易，就连老年人只要身手还敏捷也可以参与。"外乡人"也能被接纳到游戏里，不过只是偶尔……

聚精会神，

© E. Cattin

© E. Cattin

瞄准、投掷，

还有少不了的神评论……

采撷的传统

秋日的采撷收获。

味道鲜美的樱蛤。为了保护珍贵的资源，樱蛤的捕捞期有严格法律限定。

坚信大自然最慷慨的普罗旺斯人，散步的时候一定要随身带着一把小刀，提上一个小篮子。因为人们知道在树林、山谷、水中或壕沟里一定能碰上佐餐美味或止痛良药。

赶海时他们开心地找着海胆、樱蛤或几条鱼来煮普罗旺斯鱼汤。

夏季果实。

春天，他们会去采野芦笋、野葱、蒲公英的新苗与芝麻菜。还会去捉些蜗牛，回家后拌上蒜用橄榄油烹饪便是上好的美味。在圣若望，人们还采摘香草和民间常用的药草。

夏季，他们将采回的果子、樱桃、杏、桃子、葡萄还有无花果放到篾筐里晒干。

以前，这些篾筐放在屋顶亭子间里。在尼斯地界上，则是放在建于山坡上的有着石砌屋顶的小木屋里。

有些果子还被制成了果酱。

这些都是圣诞节期间的美味。普罗旺斯的圣诞节从十二月四日一直持续到二月二日。

夏末时人们忙于收割茴香和采摘杏仁。

秋天来了之后就该采摘橄榄和蘑菇了。

人人都有块只有自己知道的好去处，这样的秘密自然不能轻易告诉别人！人们最热衷寻找的非松露莫属，普罗旺斯人与这块受着众神保佑的土地亲密无间、通力合作，一起精心保管着这种黑金与他们世代传承的生之艺术。

实用词汇

蓄水池（Aiguier）：以前用来储存雨水的石制蓄水池。

蜂墙（Apier）：当中有凹处，用来放置蜂箱的墙。

普罗旺斯农庄（Bastide）：乡间宅第。

石垒屋（Borie）：石头之间完全不用石灰等黏合材料而垒出的圆形小屋。

绗缝白玉绣被（Boutis）：普罗旺斯双层刺绣布匹，中间塞有棉花，因而花样有凹凸的立体感。

洗衣池（Bugadière）：普罗旺斯洗衣的水池。

拼花石路（Calade）：在石灰中镶嵌鹅卵石的铺路方法。

石顶木屋（Crota）：滨海阿尔卑斯省一带，石砌屋顶的小木屋，主要用于风干水果。

叠瓦檐（Génoise）：在屋檐下，梅花图案的一排排瓦片，瓦片底部嵌入墙中。

拉门餐具橱（Glissant）：由上下两部分组成的餐具厨，上面的部分有两扇拉门。

石膏雕刻画（Gypseries）：以石膏为材料雕刻的装饰画。

普罗旺斯床（Litoche）：四边带有床柱的床，有的时候床头两柱与床尾两柱之间有挡床板。

水闸（Martelière）：带把柄的铁片，主要用于调整与引导沟渠中的灌溉水流。

眼洞窗（Oculus）：用于通风与采光的小窗。

小圣物盒（Paperole）：修女们为感谢施主慷慨而用彩纸编就的小小储物盒。

驴步阶（Pas d'âne）：高度很小纵深很长的台阶，主要用于陡斜的小径上防止打滑。

双脚着地（Piedstanqués）：滚球的规则之一。

石制接水盆（Pile）：石制的接水盆。

壁炉灶（Potager）：在壁炉旁边砌的使用木炭烹饪的炉灶。

檐下搁栅（Quartons）：构成屋檐的木板条，其上铺瓦可替代叠瓦檐与房檐突饰。

普罗旺斯长沙发（Radassié, radassier, radassière）：用来休息的床或沙发。

梯田（Restanque）：由石墙支撑的开在山坡上的梯田。

彩色圣像（Santibelli）：石膏或陶制的圣人像，主要在家中摆放。

斯寇坦（Scourtin）：椰子纤维编织的橄榄油过滤网。

光照亭（Soleillant, soléiaire）：形似露台，用来晾晒水果等的阁楼。

土坯砌造（Tàpi）：利用泥土与石灰浆混合的土坯砌筑技术。

陶制器皿（Tarraille）：各种厨房用的陶制容器。

六角地砖（Tomette）：陶制六角地砖。

咨询机构、建筑服务部门、博物馆

附录部分旨在为有意在普罗旺斯按照当地风格与家居传统建造新房或改造旧屋的读者提供有用的信息。熟悉当地环境并根据自己的生活方式选好居住地后，可以联络并咨询以下机构：

博物馆

阿尔勒民俗博物馆（家具、服饰）
地址：29 rue de la République, 13200 Arles

© H. Ronné

电话：04 90 93 58 11

老艾克斯博物馆（家具、陶瓷）
地　址：17 rue Gaston-de-Saporta, 13100 Aix-en-Provence
电话：04 42 21 43 55

马赛地区民间传统艺术博物馆（家具、服饰、陶瓷等）
地　址：Château Gombert, 5 Place des Héros, 13013 Marseille
电话：04 91 68 14 38

普罗旺斯服装与首饰博物馆，花宫娜香水厂（服饰）
地　址：Hôtel de Clapiers Cabris, 2 rue Jean-Ossola, 06130 Grasse
电话：04 93 36 44 65

苏莱亚多博物馆（服饰、家具、彩陶小泥人）
地　址：39 rue Proudhon, 13150 Tarascon
电话：04 90 91 50 11

普罗旺斯中部民间传统艺术博物馆（家具、日常用品、服饰）

地　址：15 rue Roumanille, 83300 Draguignan

电话：04 94 47 05 72

CAUE（建筑、城市规划与环境委员会）

罗讷河口省分会

地址：35 rue Montgrand, 13006 Marseille

电话：04 91 33 02 02

瓦尔省分会

地址：allée Jean-Moulin, 83150 Bandol

电话：04 94 29 37 45

沃克吕兹省分会

地址：4 rue Petite-Calade, 84000 Avignon

电话：04 90 85 29 35

吕贝宏地区自然公园分会

地址：60 Place Jean-Jaurès, 84400 Apt

电话：04 90 04 42 00

参考著作

《普罗旺斯的乡村民居与农民生活》(Maisons rurales et vie paysanne en provence)：让-吕克·马索 (Jean-Luc Massot) 著，贝尔热-莱夫罗尔出版社 (Editions Berger-Levrault) 1979 年。

《法国乡村建筑：普罗旺斯》(L'Architecture rarale française)：克里斯蒂安·布龙贝格尔 (Christian Bromberger)、雅克·拉克鲁瓦 (Jacques Lacroix) 与亨利·霍兰 (Henri Raulin) 合著，贝尔热-莱夫罗尔出版社 (Editions Berger-Levrault) 1980 年。

《普罗旺斯的农舍与农庄》(Provence des mas et des bastides)：阿尔伯特·德塔耶 (Albert Detaille) 著，德塔耶出版社 (Editions Detaille) 1972 年。

《滨海阿尔卑斯的乡村建筑》(L'Architecture rarale des Alper-Maritimes)：菲利普·德布尚 (Philippe de Beauchamp) 著，南方出版社 (Editions Edisud) 1992 年。

《上普罗旺斯居住区，当地建筑平面图》(Haute provence habitée, relevés d'architecture locale)：克罗德·贝隆 (Claude Perron) 著，南方出版社 (Editions Edisud) 1985 年。

鸣谢

沿着著名或无名的路径，在普罗旺斯无数次的漫步与精彩游览中我们创作了这本书。希望通过本书能够让读者领略到普罗旺斯民居民宅的内在精神与个性。在此特别感谢为我们友好地敞开大门分享自己私人生活环境的房主们。

还要感谢为本书作了大量准备工作的玛丽·勒谷娃鸠。

图书在版编目(CIP)数据

最美的普罗旺斯老房子/〔法〕布斯凯－杜凯恩,
〔法〕苏斯塔克著;徐峰译.－海口:南海出版公司,2015.9
ISBN 978-7-5442-7885-0

Ⅰ.①最… Ⅱ.①布…②苏…③徐… Ⅲ.①民居－
建筑艺术－介绍－法国②风俗习惯－介绍－法国 Ⅳ.
①TU241.5②K895.65

中国版本图书馆CIP数据核字(2015)第169216号

著作权合同登记号 图字:30－2015－032

L'âme des maisons Provençales
by A. Sustrac & E. Bousquet-Duquesne
© 2004, Éditions Ouest-France
Édilarge SA, Rennes
All rights reserved.

最美的普罗旺斯老房子

〔法〕伊莎贝拉·布斯凯－杜凯恩　阿尔诺·苏斯塔克 著
徐峰 译

出　　版　南海出版公司　(0898)66568511
　　　　　海口市海秀中路51号星华大厦五楼　邮编 570206
发　　行　新经典发行有限公司
　　　　　电话(010)68423599　邮箱 editor@readinglife.com
经　　销　新华书店

责任编辑　崔莲花
特邀编辑　余梦婷
装帧设计　段　然
内文制作　博远文化

印　　刷　北京顺诚彩色印刷有限公司
开　　本　889毫米×930毫米　1/16
印　　张　7.5
字　　数　100千
版　　次　2015年9月第1版
　　　　　2015年9月第1次印刷
书　　号　ISBN 978-7-5442-7885-0
定　　价　49.00元